安中玉◎编著

孩子，
你要有自己的
规划

民主与建设出版社

·北京·

© 民主与建设出版社，2024

图书在版编目（CIP）数据

孩子，你要有自己的规划 / 安中玉编著 . -- 北京：
民主与建设出版社，2024. 10. -- ISBN 978-7-5139
-4712-1

Ⅰ. B821-49

中国国家版本馆 CIP 数据核字第 2024KV1227 号

孩子，你要有自己的规划

HAIZI NI YAO YOU ZIJI DE GUIHUA

编　　著	安中玉
绘　　者	君阅动漫
责任编辑	王　颂
封面设计	黄　辉
出版发行	民主与建设出版社有限责任公司
电　　话	（010）59417749　59419778
社　　址	北京市朝阳区宏泰东街远洋万和南区伍号公馆 4 层
邮　　编	100102
印　　刷	三河市兴博印务有限公司
版　　次	2024 年 10 月第 1 版
印　　次	2024 年 12 月第 1 次印刷
开　　本	710mm×1000mm　1/16
印　　张	8
字　　数	100 千字
书　　号	ISBN 978-7-5139-4712-1
定　　价	59.00 元

注：如有印、装质量问题，请与出版社联系。

　　亲爱的少年，在这个充满无限可能的年纪，你正站在人生一个至关重要的十字路口。每个人的心中都潜藏着塑造自己命运的力量，拥有一份专属于自己的人生规划，就如同手持一张寻宝图，引领你发掘自我、拥抱健康、深耕学识，并且学会智慧地管理人生资源。

　　自我认知是一切的起点。在静谧的时刻，不妨倾听心灵深处的声音，去探索那些让你激动的兴趣与天赋，同时，要学会珍惜并高效利用每一分、每一秒，让你的生活变得更加丰盈和充实。此外，还要尝试新事物，因为每一次勇敢的探索都可能是你蜕变的起点。

　　健康是承载你梦想的牢固帆船。均衡饮食、规律作息、定期锻炼，这些看似简单的生活习惯，却能为你打造一副强健的体魄。而乐观的心态会让你在面对困难和挑战时，能笑对风雨。还要记得，无论是身心健康，还是网络安全，都需要你学会明智地自我保护哦！

　　学习是一场永无止境的奇妙探险。给自己设定目标，让学习不再是负担，培养阅读的好习惯，让思想飞越千山万水。学会有效的学习方法，可以更高效地掌握知识，而学会批判性思维则让你在信息的海洋中去伪存真，独立思考。记住，创新是知识融合的魔法，终身学习的态度，将是你一生中最宝贵的财富。

金钱与价值让你理解金钱的真正意义，而学会规划日常的开销、储蓄、做预算、学习投资，甚至是日常生活中的小窍门，都能让你的努力变得更有价值。更重要的是，建立正确的金钱观，明白金钱是实现梦想的工具，而非最终目的，这将深刻影响你的人生观与价值观。

亲爱的少年，未来已来，规划正当时。愿你在探索自我的过程中发现无限潜能，在追求健康生活的路上愈发坚韧，在学习与成长的征途中不断超越自我，在财务管理中展现出超乎年龄的智慧。勇敢地迈出这一步，未来的你，一定会感谢现在就开始规划人生的自己。

目 录

第一章　自我认知与目标规划

第二章　健康生活的日常规划

第三章　学习的规划

第四章　理财规划与价值塑造

第一章

自我认知与目标规划

在成长的旅途中，自我认知是我们的内在罗盘，而目标规划则是我们前进的路线图。通过了解自己的兴趣、能力和梦想，我们能够设定符合自身特点的目标，这些目标将成为我们成长道路上的灯塔，照亮前行的方向，引领我们勇敢地探索未知，不断超越自我，最终到达梦想的彼岸。

目标是成长的指南针

思考时刻

如果你是一名探险家，要踏上一段寻宝之旅，那么目标就是你的地图上用 X 标记的宝藏，它告诉你要往哪里走，让你的每一步都充满意义。同样，在现实生活中，目标就是我们的宝藏，它指引我们去学习新知识、掌握新技能，成就更好的自己。正如明代思想家王阳明所言："志不立，天下无可成之事。"只有设定了目标，并勇敢地迈出第一步，才能让我们勇往直前，最终走向成功。

教养故事

小宇受到身为文学教授的爷爷的影响，对古代的星宿充满了好奇，他想自己制作一个小型的日晷，来观察时间的流逝，同时，还想在学校的科技节上展示自己的作品，他从图书馆借来关于古代天文学和日晷制作的书籍，每天放学后，他都会坐在爷爷的书桌前，认真地阅读和学习。

爷爷说，星辰能告诉我们时间的秘密，我要通过这个日晷去验证它。

为了制作日晷，他还收集了各种材料，并在爷爷的

帮助下，学习如何使用锯子和钻头。虽然在制作的过程中，晷针总是不够垂直，标记的时间也不够精确，但他没有气馁，而是一次又一次地尝试和改进。

　　几周后，他终于完成了他的日晷，并在学校的科技节上向同学们展示了如何使用日晷来测量时间，这个作品赢得了同学们的赞叹和老师的表扬。

故事启迪

　　设定目标就像在心中种下一棵小树苗，随着时间的流逝，它会慢慢长大，结出累累硕果。目标让我们的学习和玩耍都变得更有方向，也更有趣，它不仅仅是一个结果，更是一种激励我们不断前进的力量。当你有一个明确的目标时，无论是学会一首新歌，还是完成一项科学实验，你都会发现自己更有动力去练习和尝试。此外，目标会让我们合理规划自己的时间和精力，克服困难和挑战，当我们为了一个目标而努力时，我们不仅能学会如何实现它，更能学会如何去生活。因此，目标让我们的生活充满了希望和期待，让我们的每一天都充满了意义，同时，也是我们不断追求梦想和探索未知世界的动力。

若要达成目标，我们需要制订详细的计划，可以把大目标分解成几个小目标，一步一个脚印地去实现。例如，如果你想成为一名画家，可以先从画一棵树开始，然后是一幅风景画，慢慢地，你的画作就会越来越棒。在这个过程中，我们会遇到挑战，会有失败和挫折，但失败是学习的机会，挑战会为成长提供养分，所以无须惧怕。

另外，规划不是一成不变的，生活中总会有意外发生，因此，我们需要灵活地调整规划，以适应新的情况。但是，无论规划如何变化，我们的目标应该始终不变，因为目标是我们前行的指南针，指引着我们向梦想靠近。

举一反三

小明很喜欢画画，他的房间里有一张他最喜欢的画——一片青翠的竹林。他决定在一个月内，画出一张新的竹林图，于是，他开始仔细地观察着窗外的竹子。

第一天，小明画了竹子的轮廓。他一笔一画，尽量让线条流畅。他发现，要画好竹子并不容易，但他没有放弃，而是一遍又一遍地练习。

第二天，小明开始给竹子上色。他选择了几种绿色，从浅到深，试图表现出竹子的层次感。他涂啊涂，直到画到满意为止。

每一天的坚持，都在绘制梦想的轮廓。

第三天，小明觉得画面还缺点什么。他想了想，决定在竹林里加上一只小松鼠。他先画了小松鼠的轮廓，然后是毛发和眼睛。

到了第四天，小明觉得他的画已经完成得差不多了。但他的老师曾经说过，画画要有耐心，所以他决定再观察一下竹林，看看自己的画作上有没有遗漏的细节。

第五天，小明在画的一角加上了一些细细的竹笋，还有几片飘落的竹叶。他觉得这样更加生动，也更接近他所看到的竹林。

加上竹笋和落叶，我的竹林就更加完美了。

在整个过程中，小明遇到了不少困难。有时候颜色涂得不够均匀，有时候线条画得不够直。但他并没有灰心，而是一次次地尝试，一次次地改进。

小明的这幅画，虽然不是最完美的，但它见证了他努力的每一步。每当他看到这幅画，就会想起自己为了目标而付出的努力。这幅画对小明来说，不仅仅是一幅画，更是他成长路上的一块里程碑。

智慧锦囊

即使有时候我们没有完全达到目标，但尝试和努力的过程本身就是一种成功，因为在追求目标的过程中，我们既能学会如何实现梦想，又能学会如何面对生活中的各种挑战。

深入了解自己的兴趣和天赋

思考时刻

当你拿起画笔，或是随着音乐起舞，又或是组装起机器人的零件时，你发现自己的心情十分美妙，那么这股由内而外的快乐，就是在告诉你，你对这个领域有着浓厚的兴趣。而当你在从事某项活动中，不仅能感受到乐趣，还意外地发现自己似乎做得比别人更出色，或者你总能用一种新颖的方式解决问题时，这可能意味着你拥有一些天赋。兴趣和天赋能够指引你发挥出自己的潜力，帮助你找到适合自己的事情。

教养故事

唐代书法家李邕，人称"李北海"。自幼酷爱书法，其父李善见子执笔有力，便知其有天赋，遂悉心培养，而李邕在宣纸上挥毫泼墨时，也总是心觉欢喜，他初学王羲之，后广涉北碑及唐初诸家，融会贯通，自成一格。

李邕的书法，以其笔势豪放、结构严谨而著称。他不满足于模仿前人，常言："书不师古，不可法

书法让我感到很开心。

我儿子在这方面真的很有天赋。

也。"他的作品在京城广受欢迎，求字者络绎不绝。李邕并未因此沾沾自喜，反而更加刻苦钻研，力图创新。

他曾游历四方，观摩各地碑刻，从中汲取灵感。李邕的书法，终以其独特的风格和深厚的内涵，成为唐代书法的代表之一。他的《北海碑》等作品，至今仍被书法爱好者所推崇，李邕的名字也因此载入史册。

能求李先生一幅墨宝太不容易了。

故事启迪

当你发现了自己的兴趣和天赋后，就需要投入时间去深入了解和探索。如果你对绘画充满热情，那就去尝试不同的绘画风格，学习各种技巧，从水彩到油画，从素描到数字艺术，你可以体验不同的风格；如果你在数学上展现出了特别的才能，那就不要局限于基础的题目，去挑战更高难度的数学题，探索更深层次的数学概念，这将帮助你更深入地理解数学的美妙。通过这样的学习和实践，你不仅能够提升自己的技能，还能更加清晰地认识到自己在做什么事时感到最自在，最能够发挥自己的潜力，哪些是你真正擅长的事情，哪些是你愿意投入时间和精力去深入学习的领域。

渐渐地，你对自己的兴趣和在某一技能上的天赋会越来越清晰。这时，我们最好是制订一个切实可行的计划，来培养自己的兴趣和天赋，比如，参加特定的课程或工作室，寻找一个能够指导你、提供专业建议的导师，或是为自己设定一系列练习和学习的时间表及目标。

在这个过程中，你可能会遇到挫折，要勇敢克服它，这样，你的技能会变得更加精进，你对自己的信心也会随之增强。每一次练习，每一次学习，每一次尝试，都是你向着梦想迈进的坚实一步。所以，即使进展缓慢，也要坚持不懈地追求自己的兴趣和天赋，最终你会在你所热爱的领域中绽放光彩。

举一反三

周末，小杰在整理家中尘封的阁楼时，发现了一套旧工具和一个坏掉的遥控车。出于好奇，他决定尝试修复这辆遥控车，没想到这个决定，竟悄然开启了他对机械世界的探索之旅。

小杰的零花钱原本是用来购买零食和玩具的，但自从发现了对机械的兴趣后，他开始将这些钱用在了购买电子元件和机械零件上。他用这些简单的材料，尝试着制作一些小发明，每一个成功的作品都让他兴奋不已。为了深入了解电子和机械的原理，他成了学校图书馆的常客，借阅了大量相关书籍。每天晚上，他都会在完成作业后，花时间沉浸在这些知识的海洋中，不断学习和实践。

嘿，这遥控车还挺有趣的！

一次课间，小杰的科技作品偶然被老师发现。老师对他的独特创意和动手能力大加赞赏，并鼓励他参加即将到来的校园科技竞赛。在老师和同学们的鼓励与支持下，小杰决定挑战自己，他

开始着手制作一个太阳能机器人。

竞赛当天，小杰的太阳能机器人以其环保理念和精巧设计，赢得了评委和观众的一致好评。

站在领奖台上，小杰感到前所未有的自豪。这次成功的经历，不仅增强了他的自信心，也让他更加坚定了未来探索科技领域的决心。他决定继续在这条路上不断探索和学习，也许有一天，他能够成为一名真正的发明家，用他的创新改变世界。

这是我的太阳能机器人，希望你们喜欢！

哇，这个设计太棒了！

智慧锦囊

追求梦想需要勇气和坚持。不要因为一时的困难或别人的质疑就放弃，要相信自己，坚持你的兴趣和天赋，朝着梦想的方向前进。随着时间的推移，你会发现，通过不断地努力，你能够实现自己最初设定的那个梦想。

学会珍惜并高效利用时间

思考时刻

　　时间就像我们手中的沙子，稍不留神就会从指间溜走，一旦流逝就不再回来。我们无法让时间倒流，也不能让错过的机会重来，所以，珍惜时间，就是珍惜我们生命中的每一个机会。如果我们把时间看作是可以记录我们成就的纸张，那么每浪费一分钟，就等于浪费了一张宝贵的纸。相反，如果我们能够合理规划，充分利用每一分钟，那么我们就能在这张纸上写下更多的故事，画出更多的精彩。

教养故事

　　陈晨总是羡慕班上的学霸，觉得他们好像有魔法，总能做完所有事。于是，他决定自己也要学会这个"魔法"。

我要成为学习的魔法师！

　　清晨，陈晨被猫咪叫醒，他立刻起床，他知道，要想不一样，就得从这一刻做起。

　　按照计划，陈晨专注地读书，用心地画画，每一件事都全神贯注。午餐时，他和家人分享学校趣事，享受亲情的温暖。

下午，陈晨和朋友们在公园踢足球，他尽情奔跑，释放青春活力。他意识到，合理规划时间，不仅能学习，还能享受快乐。

晚上，陈晨躺在床上，回想一天的收获。他没有开电视，没有玩游戏，却感到前所未有的充实和快乐。陈晨明白了，时间的"魔法"就是珍惜和合理规划。他安心地入睡，梦里都是明天的新计划。

故事启迪

如何才能高效地利用时间呢？不妨尝试从日常的点滴做起，早晨，只要闹钟一响，就迅速起床，不留恋温暖的被窝；洗漱时，快速而有序，避免浪费时间；做作业时，选择一个安静的角落，远离电视和手机的干扰，专心致志。这样，你不但赢得了额外的时间，还会大幅提升效率。此外，我们还可以通过一些简单的方法来提高我们的时间利用率。比如，我们可以在等待的时候听听英语，可以在走路的时候思考问题……这些看似微不足道的小事，都能帮助我们更好地利用时间，而我们只要能够用心，能够坚持，那么我们就一定能够成为时间的主人。

　　我们还可以把每天要做的事情列出来，然后按照重要性和紧急性来排序。这样，我们就能清楚地知道，哪些事情是今天必须完成的，哪些可以稍后做。当我们有了计划，做起事来就会变得更加有序，我们也能更好地掌控时间。制订计划还可以帮助我们避免拖延，让我们的行动变得更加果断，不会在犹豫不决中浪费时间。当我们完成了计划中的每项任务时，那种成就感和满足感也会激励我们继续前进，形成一种积极的循环。此外，计划还可以根据实际情况进行调整，如果我们发现某个任务要花费的时间比预期的多，或者有新的任务出现，我们可以根据优先级进行调整，以确保最重要的任务能优先完成。

举一反三

　　小华是个初中生，每天的学习和课外活动让他感到时间总是不够用。一天，在班会上，老师强调了时间管理的重要性，小华深受启发，决心要改变自己。

　　回到家，他坐在书桌前，拿出一张白纸，开始列出所有要做的事情。他认真地将任务分为作业、阅读、练琴，然后按照重要性和紧急性进行排序。他知道，作业和阅读是当天必须完成的，而练琴和足球训练可以稍后进行。

计划，让时间更有价值！

　　制订了计划后，小华立刻行动起来，先坐在书桌前全神贯注地做作业。完成后，他拿起一本自己喜欢的书，沉浸在知识的海洋中。阅读让他感到愉悦，也让他的心境更加开阔。

　　到了练琴的时间，小华调整

好坐姿，深吸一口气，然后开始专注地练习。

　　晚上，小华坐在书桌前，看着清单上一个个被勾选的任务，心中充满了成就感。他发现，原来时间管理并不难，只要合理规划，就能让生活更有条理，更有效率。

　　从那以后，小华成了班上的时间管理小达人。他学会了珍惜时间，也体会到了高效利用时间带来的快乐。他知道，时间是公平的，只要用心去管理，就能让每一分每一秒都充满价值。

　　时间管理不仅让小华的学习更加高效，也让他的生活更加丰富多彩。他开始有更多的时间去做自己喜欢的事情，比如画画、编程和参加社区的志愿活动。他感到自己的生活充满了无限的可能性。

完成！时间管理，我做到了！

智慧锦囊

　　孩子们，时间是我们最宝贵的财富，而且时间是公平的，它会给每一个珍惜它的人带来回报。通过珍惜和高效利用时间，我们可以让它发挥出最大的价值，所以，让我们从小事做起，从现在做起，用实际行动来珍惜和利用好每一分、每一秒。

在不同环境中寻找成长的机会

思考时刻

伟大的发明家爱迪生说过："天才是百分之一的灵感，加上百分之九十九的汗水。"这句话告诉我们，成功不仅仅要拥有天赋，更需要不断学习和努力。在学校，我们学习知识；在家里，我们学习生活；在社区，我们学习合作。我们生活的每个地方都蕴含着成长的秘密，等待我们去发现和探索。

教养故事

小明周末会和妈妈一起准备午餐，他们边聊天边干活，小明在妈妈的指点下学会了快速剥豌豆，还练习了用菜刀安全地切菜，看着端上餐桌的成果，他感到一种前所未有的成就感。

这个反应太神奇了！

小明还十分热爱科学，他在课余时间总是泡在实验室里。有一次，他和科学小组的伙伴们尝试着用小苏打和醋模拟火山爆发的场景。当"火山"爆发时，他们兴奋

地尖叫起来，小明对化学反应的神奇现象感到无比着迷。

社区活动日，小明会戴上志愿者的帽子，和邻居们一起在公园里种花。他小心翼翼地给每一株幼苗浇水，看着它们在微风中摇曳，他的心中充满了喜悦。活动结束后，邻居们对小明的勤快和细心赞不绝口，他腼腆地笑着，心里美滋滋的。

故事启迪

小明的故事向我们展示了成长的机会无处不在。在家庭中，我们不仅学会了做饭和打扫卫生这些基本的生活技能，更重要的是，我们学会了如何独立生活，如何自我管理，这些生活技能将伴随我们一生。

在学校，我们的知识和视野被极大地拓展，每一门课程都像一扇窗，让我们窥见了世界的一角。我们不仅学习数学、语文、自然科学等基础知识，还通过参与各种课外活动，如学校的乐队、体育队或辩论赛，学会了如何与人协作，如何在团队中发挥作用。这些活动既锻炼了我们的组织能力、沟通技巧和领导力，也让我们在面对问题时更加从容不迫。

在社区，我们可以通过参与公益活动，如清理公园杂草、参与社区节日的筹备，学会服务他人的精神，我们的行为虽小，却能产生积极的社会影响。通过这些活动，我们不仅为社区作出了贡献，也培养了自己的社会责任感。

这些丰富多彩的经历，不仅能让我们学会必要的知识和技能，还能够塑造我们的品格，提升我们的素质。成长不仅仅是年龄的增长，更是能力和素质的全面提升，每个人都有自己独特的价值，都有机会成为自己想要成为的人。所以，让我们珍惜生活中的每一个机会，无论是学习新知识，还是参与社区服务，或是与家人共度时光，都值得我们全情投入，因为这些都是我们成长的宝贵经历。

举一反三

环保从我做起，让校园更美丽。

小华在学校里不仅是课堂上勤奋学习的学生，更是学校环保俱乐部的积极分子。他和同伴们一起策划了校园回收活动，用心设计了宣传海报和回收站点。活动当天，他带领着一群同学，向过往的师生宣传环保知识，收集可回收物品。看着堆满回收箱的塑料瓶和纸张，小华感到无比的自豪和满足。

小华的父母给了他一个旧的储蓄罐，鼓励他管理自己的零花钱。

为了防止自己乱花钱，他制定了每周的预算，记录每一笔支出，为了更好地管理自己的零花钱，他阅读了有关货币和市场的书籍，试图理解更广阔的经济世界是如何运作的。

此外，小华注意到了公园里的垃圾乱扔的问题。他记得在学校组织的回收活动中学到的环保知识，于是决定发起一个社区清洁倡议。他设计了一份倡议书，挨家挨户地敲门，邀请邻居们参与周末的清洁活动。活动当天，小华带领着一群邻居，有的拿着垃圾袋，有的推着小推车，一起清理公园里的垃圾。

这些活动让小华学到了很多知识，也让他非常有成就感，后来，小华更加主动地寻找这样的机会，不断地挑战自己，提升自己的能力。他还参加了学校的写作比赛，通过阅读和练习，提高了自己的写作能力。在家里，他不再只是玩玩具，而是尝试修理损坏的玩具，这不仅锻炼了他的动手能力，还让他学会了解决问题的技巧。

> 哥哥，你好厉害啊！你什么都能修好！

智慧锦囊

　　每个人的成长之路都是独一无二的。不要害怕尝试新事物，也不要害怕犯错误。每一次尝试和错误，都是我们成长的宝贵经验。保持好奇心，勇敢地去探索和体验，只有这样，我们才能在不同的环境里找到属于自己的成长机会。

团队合作与社交技能

思考时刻

古语有云，"独木不成林"，这说明一个人的力量终究是有限的。在我们的日常生活中，无论是家庭、学校，还是社区，我们都需要与他人携手合作，共同面对挑战，一起成长。团队合作不仅使我们的行动更高效，更教会我们尊重不同的观点，以及如何与他人协作，共同创造出一加一大于二的成果。

教养故事

陈琳是班上的热心肠。植树节到了，学校举办了一次校园绿化活动，陈琳和她的同学们迅速行动起来，他们分成几个小组，每个人都分配到了具体的任务。有的同学负责挖坑，有的同学负责放置树苗，还有的同学负责浇水。陈琳则扮演了协调者的角色，她忙碌地穿梭在各个小组之间，确保工具和树苗的供应不断，帮助解决同学们在植树过程中遇到的各种困难。

尽管天气炎热，汗水浸湿了

> 每个环节都很重要，我要确保一切顺利进行。

他们的衣裳，但陈琳和同学们没有一个人叫苦叫累。他们相互鼓励，相互帮助，每个人的脸上都洋溢着快乐的笑容。经过一个上午的辛勤劳动，他们成功地种下了一大片树苗，校园里顿时增添了许多生机。

故事启迪

　　陈琳的故事告诉我们，团队合作是实现目标的重要途径。在团队中，每个人都扮演着不可或缺的角色，通过有效的沟通和协作，我们可以完成个人无法完成的任务，解决个人难以解决的问题。

　　我们在学校时，经常会参与小组讨论和集体活动，在这些活动中，我们可以尝试不同的角色，比如领导者、协调者或者执行者，通过团队合作，我们能够学习如何平衡个人目标和团队目标，如何调解矛盾和冲突。

　　而在家庭中，我们通过与家人一起做家务，计划家庭活动等，能学会合作和沟通。比如，一家人共同做出一顿丰盛的饭菜，这个过程既锻炼了我们的合作能力，也增进了家人之间的感情。

团队合作令我们在集体中找到适合自己的位置，并与他人共同实现目标。这种能力不仅在学校的小组项目中至关重要，未来在我们步入职场或与他人合作时也同样重要，无论我们将来选择什么样的职业道路，无论我们身处何种社会环境，团队合作的技能都是我们获得成功不可或缺的因素。团队合作让我们学会倾听和理解他人的观点，锻炼我们的沟通和协调能力，帮助我们更有效地与他人交流和合作。同时，团队合作也教会我们如何领导和激励团队，如何做出明智的决策，这些技能有助于我们个人的成长和未来的职业发展。

因此，我们要积极参与团队合作，并全身心地投入，不断提升自己的团队合作能力。

举一反三

李杰是学校机器人俱乐部的成员，在一次重要的机器人比赛中，他所在的团队需要设计一个能在复杂地形中快速移动并完成特定任务的机器人。比赛准备阶段，李杰的团队遇到了重重困难，机器人的设计需要不断地修改和优化，编程代码也频繁需要修改。李杰虽然不是

> 必须找到解决过热问题的方法，我们的比赛就靠它了。

团队中的领导者，但他总是第一个来到实验室，最后一个离开，他耐心地测试机器人的每一个部件，记录下所有的性能数据。

随着比赛日期的临近，团队成员发现机器人在长时间运行后会出现过热的问题。这个问题如果不解决，将直接影响到机器人在比

赛中的表现。李杰了解到这个情况后，开始在课余时间进行额外的研究，他查阅了大量的资料，尝试了多种散热方案，最终设计出了一个既高效又轻巧的冷却系统。

在接下来的日子里，李杰和队友们一起对这个冷却系统进行了多次测试和调整。他们利用有限的资源，手工制作了冷却系统的各个部件，并将其完美地安装到了机器人身上。经过改进的机器人在连续运行测试中表现出色，再也没有出现过热的现象。

我们的努力终于得到了回报，这是团队合作的胜利！

比赛当天，李杰和队友们带着他们的机器人来到了赛场。在紧张激烈的角逐中，他们的机器人凭借出色的性能和稳定性，成功地完成了所有任务，并获得了评委的一致好评。最终，李杰所在的团队也赢得了比赛的冠军。

智慧锦囊

团队合作需要我们不断地学习、实践和反思，当我们所在的团队遇到困难时，不要气馁，要把它看作是一个成长的机会，通过团队合作，我们不仅能够提升自己的社交技能，实现个人的目标，还能够为团队、为集体作出贡献。

培养面对挑战时的积极态度

思考时刻

有句歌词是这么唱的，"不经历风雨，怎么见彩虹"。

挑战就像是突然到来的一场雨，虽然让我们措手不及，但雨过天晴后却有漂亮的彩虹。面对挑战，我们可能会有点害怕，但它能让我们的内心变得更强大。因此，无论是学习上的难题，还是和朋友的误会，都要勇敢地面对，用微笑迎接每一次成长的机会。

教养故事

徐飞是学校足球队的核心球员，他善于调动队友的位置，组织进攻，并且在防守时也表现出色，经常能够在关键时刻抢下对方球员脚下的足球。但是，在一场比赛中，他在突破对方防守时不慎摔倒，膝盖擦伤了一大片，疼得他直冒冷汗，不得不退出比赛，这让他心情十分低落。

在家休养时，他观看当时比赛的视频，发现自己在对抗时，没控制好重心，摔倒了。于是，他开始学习专业球员的球技和提

升身体素质的方法。为了恢复身体，他制订了详细的计划：每天按时做膝盖的恢复练习，逐渐增加腿部肌肉的力量训练；坚持每天跑步，提高自己的耐力和速度。此外，他还进行了一些功能性训练，这些训练项目旨在模仿足球比赛中的动作，例如加速、切换方向、停球等，以帮助

我回来了，比以前更强！

徐飞恢复比赛所需的功能和技能。他的妈妈还对他进行了心理疏导，让他重新建立起了自信心，以积极健康的心态面对以后的比赛。几周后，他的膝盖伤势好转，而且他踢球的水平也有了一定程度的提高。于是，他重新回到了足球场上。

此时的徐飞，不仅恢复了往日的活力，球技也更加精湛了。他在比赛中准确传球、灵活控球，并且射门精准。他还与队友们配合默契，最终在他和队友们的共同努力下，他们赢得了比赛。老师和同学们对他的表现赞不绝口，还爆发出阵阵掌声。

故事启迪

徐飞的故事告诉我们，面对挑战时，积极的态度和行动是克服困难的关键。当遇到挫折时，我们可以选择逃避，也可以选择勇敢地面对。徐飞选择了后者，他没有被伤痛击倒，而是将其视为提升自己能力的机会。他通过自我反思，找出了自己的不足，并制订了实际的训练计划。这种积极的态度和行动，最终帮助他战胜了困难，实现了自我超越。

在生活中，每个人都会遇到各种各样的挑战。这些挑战，可能是学习上的困难，可能是和朋友的矛盾，也可能是生活中的意外。面对这些挑战，我们可能会感到害怕、焦虑或沮丧。但请记住，这些负面情绪并不能帮助我们解决实际问题，反而会影响我们的心情，阻碍我们的成长。

我们要相信，每个问题都有解决的办法，每个挑战都蕴含着成长的机会。通过积极的态度，我们可以更好地分析问题，找到解决问题的线索。同时，积极的态度也能激发我们的潜能，令我们克服困难，超越自我，让我们更有勇气、信心去尝试和探索。

此外，积极的态度还能帮助我们建立良好的人际关系。当我们以积极的态度去面对他人时，会更容易获得他人的理解和支持，而且，我们还可以通过积极的沟通与交流，表达自己的想法和感受，并能让自己更好地被他人理解。

所以，当挑战来临时，不要惧怕，让我们像徐飞一样，以积极的态度去面对挑战，找到克服困难的方法，不断探索，不断成长，从而成为更好的自己。所以，不要惧怕挑战，让我们勇敢地面对，相信自己，创造属于我们自己的辉煌。

举一反三

王阳明是明代著名的思想家、文学家、哲学家和军事家。他的一生颇为传奇，尤其是他在龙场驿的经历，更是被后人传颂。当时，王阳明因得罪朝廷权贵，被贬至贵州的龙场驿，这是一个偏远且条件极为艰苦的地方，驿馆破败，生活条件十分艰苦，但王阳明并未因此而气馁，他很快就适应了当地的生活，与当地的少数民族建立了良好的关系。

逆境中，方显智慧之光。

在龙场驿生活的这段时间，王阳明并没有放弃学术研究，反而将这段孤独的岁月转化为自我提升的机会。他在驿馆的墙壁上刻下了"格物致知"四个字，作为自己的座右铭，深入研究儒家经典，结合自己的体验，开始撰写《传习录》，这部作品后来成为心学的重要文献。

王阳明在龙场驿的生活虽然简朴，但他的内心世界异常丰富。他常常独自一人在山间散步，沉思人生和宇宙的奥秘。在一天深夜，他突然认识到"心即理"，这一领悟后来被称为"龙场悟道"，这也成为王阳明心学思想的重要转折点。

心即理，原来道理就在心中。

几年后，王阳明被朝廷召回，他的军事才能也得到了充分展现。在宁王叛乱时，王阳明迅速组织了一支军队，以少胜多，成功平定了叛乱，他之所以如此成功，在于他能够洞察人心，调动士兵的士气，以及赢得民心。

王阳明的一生充满了坎坷与挑战，但他的智慧和勇气使他成为中国历史上的一位传奇人物。他的心学思想对后世产生了深远影响，被誉为中国哲学史上的一颗明星。

智慧锦囊

面对挑战，记得先深呼吸，冷静下来，不要被困难吓倒，然后思考如何改进。也许，答案就藏在你没注意到的地方，所以，要保持乐观的心态，相信自己的能力，用积极的态度去迎接每一个挑战。请你记住，每个难题都是一个成长的机会，会让我们变得更加强大和聪明。所以，不要害怕挑战，让我们勇敢地面对挑战，创造属于我们的辉煌。

定期审视并调整个人规划

思考时刻

俗话说："计划赶不上变化。"有时，尽管我们做了计划，但事情的发展可能会慢慢超出我们的预期。随着我们逐渐长大，我们的兴趣和目标也会随之改变。因此，我们需要定期审视自己的计划，并根据当前情况做出调整，这样，才能够确保自己的行动与内心的愿望保持一致，让每一步走得更加坚定和明确。

教养故事

林一在每个学期伊始，都会认真地规划整个学期的学习计划，譬如列出这个学期想要读的书籍，计划要做的科学实验，还有想要提升的篮球技巧。

然而，学校新成立了一个计算机俱乐部，他对编程产生了兴趣，并决定加入。可是他的计划已经安排得满满的，无法再融入新的计划了，他为此很苦恼。

后来，他寻求妈妈的帮助，

妈妈鼓励他："计划是用来帮助你的，而不是束缚你的。有时候，我们需要根据新的情况来调整计划。"于是，林一将一些不是特别重要或可以缩短时间的计划做了调整，将编程加了进去。几周后，小林逐渐适应了新的节奏，并且，他在计算机俱乐部的编程学习中取得了显著的进步，同时还取得了优异的成绩。

调整计划让我有了学习新技能的机会。

新学期计划表
××
××
计算机俱乐部编程学习

运行成功

故事启迪

　　小林的故事提醒我们，即使是最周密的计划，也可能需要根据新情况做出调整，这种调整不是对规划的否定，而是一种积极的适应和优化。

　　在我们的成长过程中，经常会遇到各种新的机会和挑战。这些新情况可能会激发我们新的兴趣，或者引导我们去追求更高的目标。面对这些变化，我们需要在基于对自己深入了解的基础上，勇敢地做出调整，即使这意味着要暂时放弃原有的计划。

　　例如，当我们发现一个新的爱好或者一个难得的学习机会时，我们可能需要重新分配时间和精力。这不仅需要我们对新事物有足够的热情，更需要我们有足够的自制力和判断力，以确保我们的选择符合自身长远的发展。

　　同时，调整计划也是一个自我反思和自我提升的过程。我们需要不断地问自己：这个新目标是否真正符合我的兴趣和能力？我对原有计划的坚持是否出于对梦想的执着，还是仅仅因为害怕改变？通过这样的自我剖析，我们可以更加坚定地追求那些符合我们长远发展的梦想。

此外，调整计划也是一项生活技能。掌握这项技能，会让我们在变化中找到稳定，在不确定中寻找确定。这种能力对于我们的学习和工作都极其有益，使我们能够在复杂多变的环境中保持方向，实现自我发展。

因此，定期审视并调整个人计划，不仅能帮助我们更有效地管理时间，更能帮助我们深刻地认识自己，更有目的地追求梦想。

举一反三

李明的高中生活原本是按部就班的。他的成绩优异，未来成为一名医生的梦想清晰而坚定。他的书架上摆满了医学书籍，他的日程表里排满了预习和复习的计划。然而，一切在那个科技展览日发生了改变。

在那里，李明第一次见到了机器人的舞蹈，第一次感受到了编程的魅力。他的心中涌现出了新的兴趣，但这也让他陷入了困惑：是继续沿着原定的医学道路前进，还是追随这突如其来的热情？

他决定给自己一个机会，去探索这股新的兴趣。李明开始利用周末和假期时间参加机器人工作坊，他在图书馆借阅编程书籍，甚至在学校成立了一个机器人兴趣小组。他的日常生活开始发生变化，医学学习之余，他的手指在键盘上跳跃，编写着一行行代码。

随着时间的推移，李明在机器人领域的技能日益提高。他发现自己不仅仅是出于兴趣，而是真正具备了这方面的潜力。他的机器人设计在学校科技节上获得了认可，这让他更加坚信，调整规划是为了更好地实现自我发展。

李明学会了在变化中寻找稳定，在不确定中寻找确定。他没有放弃医学学习，而是将其与新兴的机器人技术相结合，探索辅助医疗的可能性。他的视野变得更加开阔，他的梦想也因此变得更加多彩。

智慧锦囊

我们要学会定期审视自己的目标和计划，当你发现新的兴趣或机遇时，不妨勇敢地调整你的计划。调整计划不是放弃，而是为了更好地实现自己的梦想，保持开放的心态，随时准备迎接新的挑战，这样你的人生之旅将会更加精彩。

第二章

健康生活的日常规划

　　健康的生活方式，是我们成就未来梦想的坚实基础。因此，让我们在规划中融入健康的生活习惯，可以从一顿营养均衡的早餐开始，到与同伴们的玩耍时光，再到夜晚的安稳睡眠，以充沛的精力迎接每一个清晨。这样的日常规划，不仅能够培育出强健的体魄，更能为我们的心灵带来平和与活力。

选择健康饮食，培养强健体魄

思考时刻

"吃好才能长得好。"这句话虽然简单，却包含了成长的秘诀。对于我们这些正在快速生长的孩子来说，选择对的食物，就像是给我们的身体加油。因此，在这个充满各种美食诱惑的世界里，为了我们能够拥有一个更加健康且有活力的未来，我们要学会挑选那些能让身体健康的食物。

教养故事

李明轩是个精力充沛的小男孩，他总是跑来跑去，好像永远不知道疲倦。但他特别挑食，偏爱那些脆脆的油炸食品和甜甜的糖果，拒绝蔬菜、水果。

他的妈妈担心长期这样下去会影响他的身体健康。于是开始给他搭配健康且具备营养价值的饮食，全麦面包代替了白面包，烤地瓜条代替了油炸薯条，还有各种颜色鲜艳的鲜果沙拉。最

> 明轩，来吃点水果吧，对身体好！

> 我不要，我想吃薯片！

初，李明轩皱着眉头，不肯下口。但在妈妈的耐心介绍下，他开始尝试这些新食物。慢慢地，他发现这些蔬菜和水果其实也很好吃，尤其是妈妈做的鲜果沙拉，甜而不腻，非常合他的口味。几个月后，李明轩不仅改掉了挑食的毛病，还成了学校里的运动小明星，身体结实，精力充沛。

明轩，这些水果对你的身体很好哦，试试看。

嗯，这个鲜果沙拉真的很美味！

故事启迪

李明轩的故事向我们展示了健康的饮食习惯是可以培养的，而且一旦形成，将为我们的身体成长打下坚实的基础。

我们每天吃的食物，就像是给自己身体盖房子用的砖块。如果我们吃的是营养均衡的食物，那么我们的身体就会像一座坚固的房子，能够抵御风雨。但如果我们总是吃不健康的食物，那么我们的身体可能就因此变得脆弱，容易生病。

健康的饮食不仅仅包括蔬菜和水果，还包括了各种各样的食物，比如全谷物、蛋白质和健康脂肪，这些食物能够给我们的身体提供所需的矿物质、碳水化合物、蛋白质，以及维生素等营养，让我们的身体能够正常工作，而且，思维也会变得更活跃，心情更美丽，精力更充沛。

当然，我们偶尔也可以享受一些甜点和零食，关键是要控制好量，不要让它们成为我们饮食的主导。我们可以把健康的食物想象成我们的好朋友，它们能帮助我们保持最佳状态。

此外，我们要学习一些基本的营养知识，了解不同食物对我们身体的影响，从而让我们更加明智地选择日常的饮食，还可以和爸爸妈妈一起，制订一个健康的饮食计划，让每一天都充满活力。

健康饮食是一个长期的习惯，需要我们持之以恒，不要担心一次做得不够好，只要我们每天都在努力，那么我们的身体就会越来越健康。所以，让我们一起努力，做出更好的选择，为我们的身体建造一座坚固的房子吧！

举一反三

陈刚特别挑食，他觉得家里的饭菜太寡淡，没滋没味儿的，所以一日三餐都不好好吃饭，经常在放学后，直奔快餐店，点上一份炸鸡和薯条，再配上一瓶汽水当作晚餐。尽管妈妈时常提醒他，多吃蔬菜和水果，少吃油腻和糖分高的食物，但陈刚总是不以为意，他觉得只要自己感觉好，就没什么大不了的。

然而，随着时间的流逝，陈刚感觉到了身体的一些变化。他

你看看你这体重，别再吃不健康的食物了！

发现自己的体力不如以前，跑几步就气喘吁吁，而且经常感到疲倦。更糟糕的是，他的体重也在不知不觉中增加了。学校最近的一次体检中，医生提醒他要注意营养均衡，否则可能会影响健康。

陈刚的妈妈开始限制陈刚的快餐摄入，并尝试为他准备更健康的餐食。起初，陈刚很不适应，他觉得妈妈给他准备的饭菜淡而无味，尤其是那些看上去就没什么食欲的蔬菜和水果，远不如快餐来得满足。于是，妈妈便变着花样为陈刚准备食物，用各种烹饪方法让蔬菜变得美味，也逐渐减少了家中的加工食品。

> 健康饮食，让我更有活力，更有精神。

慢慢地，陈刚开始接受这些变化。他发现，尽管改变饮食习惯需要一些时间来适应，但自己的身体在不知不觉中变得更好。他不再那么容易感到疲倦，精力也有所提升。更重要的是，他开始意识到，选择健康饮食不仅仅是为了满足口腹之欲，更是为了自己的长期健康和生活质量。

智慧锦囊

健康饮食并不难，关键在于我们是否愿意做出选择。选择新鲜的蔬菜、水果和谷物，而不是精制的碳水化合物，选择白开水而不是含糖饮料。每一个小的改变，都是我们迈向健康生活的一大步，让我们从今天开始，用健康的饮食为我们的身体打下坚实的基础。

建立规律的作息时间，保持活力

思考时刻

我们的身体就像一块神奇的电池，需要在晚上充满电，这样第二天才能精神抖擞地学习和玩耍。规律的作息就像是给我们的身体定了一个时间表，告诉我们什么时候应该休息、什么时候应该活动，当我们严格按照时间表规律作息时，我们就能在正确的时间做正确的事情，并且能保持满满的活力。

教养故事

小天是个好奇心很强的小男孩，他对周围的一切都充满了兴趣。每天晚上他都沉浸在玩具和故事书中，不愿意按时上床睡觉，第二天早晨又起不来，显得没有精神。

妈妈和小天一起动手制作了一个作息时间表。他们用彩笔在一张大纸上画出了太阳和月亮的图案，然后用小天喜欢的卡通贴纸来标记睡觉和起床的时间。时间表完成后，小天兴奋地将其贴在了自己的卧室门上。

再等五分钟我一定起……

从那天起，小天开始尝试按照时间表来安排自己的作息。起初，他还是有些不适应，偶尔会晚睡或早上不愿意起床。渐渐地，小天开始习惯了新的作息时间。他发现，当自己晚上按时睡觉，早上按时起床时，白天的精力变得更加充沛了。

新的作息时间让我每天都精神抖擞！

故事启迪

夜晚，当我们进入梦乡，身体便开始了它的修复工作。在这段时间里，我们的心跳变缓，呼吸变得深长，肌肉得到放松，就连我们的骨头也在悄悄地生长。在夜间睡眠时，大脑会将白天的经历和学习有序地存放在记忆的仓库中，这个过程不仅巩固了我们的记忆，还帮助我们更好地理解和吸收新知识。

规律的作息既关乎身体健康，也影响着我们的学习效率和生活质量。当早睡早起成为习惯，我们就能拥有更多的时间和精力去追求自己感兴趣的事情，譬如，我们可以在清晨的宁静中阅读喜欢的书籍，感受故事带来的无限想象；在午后的阳光下尽情地奔跑和玩耍，享受运动带来的快乐；或者在夜晚的灯光下专注地绘画，表达内心的美好世界。

这些活动既能丰富我们的生活，又能令我们的身心得到全面发展，而且规律的作息时间会让我们培养良好的时间管理能力，我们可以学会如何合理分配时间，平衡学习、游戏和休息三者的关系。此外，通过自我约束，按时睡觉和起床，能够让我们逐渐自律起来，而自律会令我们更加自信。同时，这种自信也会延伸到我们学习和生活的其他方面，让我们在面对挑战时更加从容不迫。

所以，让我们一起努力，培养规律的作息习惯吧！这样的习惯将帮助我们保持健康的身体和清醒的头脑，让我们每天都有好心情，迎接每一个新的早晨。

举一反三

小雪非常喜欢跳舞，她的梦想是成为一名舞蹈家，经常练习到很晚才睡觉，但是，她最近觉得自己有些力不从心，总是感到很疲惫，完全记不住老师教的新动作，而且第二天上课时也打不起精神，被老师点名批评了好几次，她很难过，回到家也是一副垂头丧气的样子。

小雪的妈妈注意到小雪一直在打哈欠，于是问她是不是晚上没有睡好，小雪告诉妈妈，她为了能够早点进阶，每天都在偷偷地练习各种考级需要的舞蹈动作。妈妈摇了摇头，说："这样可不行，你正是长身体的年纪，一定要保证充足的睡眠才行。"于是，她和小雪一起制订了一个既能保证充足睡眠又能有时间练习舞蹈的日常计划。

计划开始的第一天，小雪晚上九点就准时上床睡觉，她在床上翻来覆去，不太习惯这么早入睡。但渐渐地，她的身体适应了这个安排，很快进入了梦乡。第二天早上，她在七点的闹钟响起之前就自然醒来了，并感到精神焕发，全身充满了力量。

小雪按照计划，做一些简单的拉伸运动，然后吃一个营养均衡的早餐，再用整整一个小时的时间来练习舞蹈，她发现早上的练习比以往任何时候都要专注和有效。而到了学校，她发现自己在课堂上的注意力也更加集中了。

几周后，小雪的舞蹈技巧有了显著的提升，她的舞蹈老师也注意到了她的变化，称赞她的进步。

充足的睡眠让我每天都充满活力，舞蹈也更进一步了！

智慧锦囊

晚上好好睡觉，给自己的身体和大脑"充电"，第二天，我们就能精神饱满地去学习新知识，去操场上奔跑，去做我们喜欢的事情。所以，建立规律的作息时间，就像是拥有一张神奇的"能量卡"，每天都能活力四射。

通过运动习惯来增强体质

思考时刻

"流水不腐，户枢不蠹。"这句古语告诉我们，经常运动的事物总是充满活力。而对于正在成长的孩子来说，运动不仅是一种游戏，更是增强体质、磨炼意志的好方法。在这个充满电子游戏和室内活动的时代，我们需要将运动融入日常生活，让身体动起来，让健康伴随我们成长。

教养故事

陈晨对电子游戏的热爱超过了一切户外活动。他的眼睛常常因为长时间盯着屏幕而感到疲劳，而且他的体质也不像其他经常运动的孩子那样强健。

为了能够让他动起来，妈妈与他一起制订了一个计划，每天早晨进行半小时的晨跑，周末则参加社区的足球游戏。起初，陈晨总是赖床，不愿起来，但妈妈坚持陪伴他，他们一起在清晨的公园里跑步，呼吸新鲜的空

> 这款游戏太吸引人了！

气，享受清晨的宁静。

慢慢地，陈晨发现自己不再那么容易感到疲劳了，而且他的体力和耐力都有了明显的提高。学校的体育课也不再是陈晨想要逃避的课程，相反，它成了他一周中最期待的课程之一。在体育课上，陈晨展现出了他的运动才能，赢得了老师和同学们的赞扬。

原来运动这么有趣，我感觉全身都是力量！

故事启迪

运动能够让我们的身体更加健康，让我们的心情更加愉快。

首先，运动能够帮助我们的心脏跳得更有力，让我们的肺部呼吸得更深，这样我们就能够更好地为身体提供氧气和能量。我们在学校上课时就能更加专注，做游戏时也能跑得更快。而且，运动还能让我们的肌肉变得更加结实，让我们的身体变得更加强壮。

更重要的是，运动能够让我们的心情变得更加愉快。当我们运动时，我们的身体就会释放出一种叫作"内啡肽"的物质，它能够让我们感到快乐和满足。这就是为什么每次运动完，我们都会有一种轻松愉快的感觉。

此外，运动还能帮助我们与朋友建立友谊。在运动中，我们会遇到很多志同道合的朋友，我们会一起训练，一起比赛，一起庆祝胜利，也会在失败时互相鼓励，这样的友谊会成为我们成长路上最宝贵的财富。同时，还能够培养我们的团队精神和合作能力。在一些团队运动中，我们需要和队友们一起合作，共同面对挑战。这种合作让我们学会如何与他人沟通，如何尊重他人，如何共同解决问题，而这些能力将会帮助我们在学校或者未来的工作中取得成功。

所以，让我们穿上运动鞋，换上运动装，一起到户外去运动吧！无论是跑步、游泳，还是各种球类运动，只要动起来，我们就能够享受到运动带来的乐趣和好处。

举一反三

李芳非常喜欢运动，朋友们都很喜欢跟她一起玩耍，觉得她又热情又开朗，而且满满的活力感，让他们都觉得充满力量。每天放学后，李芳会和朋友们相聚在小区的空地上，那里有几个旧旧的跳绳和毽子，就是他们快乐的源泉，没有华丽的装备，也没有复杂的规则，只有纯真的笑声和无忧无虑的奔跑。

和朋友们在一起运动真快乐啊！

李芳的妈妈是一位体育老师，同时也是个健身达人。每逢周末，母女俩都会尝试不同的运动，有时是简单的羽毛球对打，有时是在社区泳池里比谁游得更快，有时是她们一起学跳民族舞，虽然步伐笨拙，却乐在其中。妈妈不仅是李芳的指导老师，更像是一个大朋友，陪伴她一起探索，鼓励她面对挑战，教会她享受运动的过程。

李芳在体育上的进步越来越大。后来，她加入了学校的篮球队，与队友们一起训练，一起并肩作战，一起拼搏，一起夺冠。经过一次又一次的比赛，大家的友情越来越牢固，同时，她们也越来越有毅力。家里的书架上，逐渐多了一些奖状和奖牌，但李芳最珍惜的，始终是那些和队友们一起努力、一起欢笑的瞬间，对她而言，运动不仅仅提升了自己的身体素质，更让她学会了坚持、协作，有了面对失败的勇气。

每一次的团队合作，都是我们共同的胜利。

而后，李芳继续在她的日常中奔跑、跳跃，与时间同行，与爱相伴，享受着这份简单而又不平凡的活力之旅。

智慧锦囊

运动是保持健康和活力的关键。不要害怕尝试新的运动项目，每一种运动都有它的乐趣和好处。选择你喜欢的运动，坚持下去，让运动成为你生活的一部分，只有这样，你才能拥有一个强健的体魄，去追逐你的梦想，去探索这个精彩的世界。

学习预防疾病，提高健康意识

思考时刻

古语有云："上医治未病。"这句古语告诉我们，预防比治疗更胜一筹。虽然我们不是医生，但我们可以做自己的健康小卫士，通过学习如何预防疾病，并积极行动起来，以此来增强我们的健康意识，只有增强了意识，提前做好疾病防护，我们才可以让自己的身体变得更加强壮，远离疾病的困扰。

教养故事

云帆特别爱玩耍，但每次从外面回来，总是忘记洗手。一天，他从学校回家，直接拿起水果就吃。当晚，他的肚子就疼了起来，妈妈赶紧带他去了医院。医生检查后告诉云帆，肚子疼是因为他手上的细菌没有洗掉，随着水果一起吃进了肚子里，这件事给了云帆一个深刻的教训。

回到家后，妈妈和云帆一

> 肚子疼是因为手上的细菌到了肚子里，记得以后吃东西前要洗手哦！

> 我下次绝不会忘记洗手了！

起动手制作了一个简易的洗手教具，他们用彩色笔在云帆的手上画上各种形状，代表不同的细菌，然后让云帆用肥皂和水清洗。看着手上的"细菌"被一点点冲走，云帆既觉得新奇又深感洗手的必要。

这些彩色的形状就像手上的细菌，现在我们要用肥皂把它们都洗掉。

　　几周后，云帆养成了勤洗手的好习惯，还监督起家人和朋友们洗手，成了班级里的健康使者。

故事启迪

　　云帆的故事提醒我们，即使是最不起眼的习惯也能带来健康上的巨大变化。

　　你应该经常能听到大人们说"病从口入"，要求我们吃东西的时候要特别小心。因为我们的手每天都会接触很多东西，比如玩具、门把手、桌子，甚至是其他人的手，这些东西上可能携带着很多细菌和病毒，如果我们不洗手就拿东西吃，就很容易生病。

　　所以，养成勤洗手的习惯对我们来说非常重要，洗手可以帮我们清除手上的细菌，减少生病的机会。此外，洗手的方法也很重要，我们要用肥皂或者洗手液，认真地搓洗手心、手背、指缝和指甲下面，至少洗20秒，这样才能确保手洗得干净。

　　除了勤洗手，我们还要注意其他的卫生习惯。比如，我们要吃煮熟的食物，避免吃生冷的食物，因为生冷的食物可能带有致病细菌；

要喝干净清洁的水；同时，我们要定期打扫房间、清洗床单被罩，减少细菌和病毒的滋生。此外，要做到不随地吐痰，不乱扔垃圾，这样可以保持我们周围的环境干净整洁，减少疾病的传播。最后，要避免接触生病的人，或者在他们咳嗽、打喷嚏时保持距离，这样可以降低被传染的风险。如果感觉身体不适，比如发烧、咳嗽，要及时告诉家长或老师，寻求医生的帮助。

总之，预防疾病需要我们从小事做起，从现在做起，养成良好的卫生习惯，为自己和他人的健康负责。

举一反三

小涛和同桌约好在周一的体育课上一起踢足球，然而，他到学校后发现同桌没来上课。老师告诉大家，同桌因为得了流感，需要在家休息一段时间，小涛心里有点不是滋味，因为他还和同桌都报名了学校的运动会的比赛项目，可同桌这一病，运动会肯定是不能参加了。

而同桌这次得流感的原因是没有进行流感疫苗的接种，于是流感病毒一来，他就中招了。小涛也没有打流感疫苗，因为他觉得自己身体非常强壮，根本不需要，但是听到老师普及的流感疫苗的知识和作用，不禁有些担忧。

放学后，小涛回到家，看

到电视里正好在播放流感疫情的新闻，医生在讲解疫苗的重要性，他开始意识到，原来疫苗可以帮助人们抵御病毒对身体的入侵，保护自己和家人。于是，小涛又上网查阅了很多关于疫苗的资料，了解到疫苗可以激发身体的免疫系统，让身体准备好对抗疾病。小涛决定，下次学校组织疫苗接种时，他一定要参加。

就在小涛准备去接种疫苗的时候，他突然感到身体不适，出现了轻微的发热症状。妈妈赶紧带他去医院检查，结果是轻微的上呼吸道感染。虽然不是流感，但这次经历让小涛深刻体会到了身体的脆弱。

小涛的身体康复后，他按时接种了疫苗，并且还鼓励其他同学也要做好预防措施，他用自己的亲身经历告诉大家，健康是最重要的，而预防疾病是每个人都应该做的事情。

智慧锦囊

预防疾病其实并不难，就像每天刷牙一样，只需要我们做好几件小事：摄入营养均衡的食物，勤洗手，多运动，还要按时打疫苗，这样我们就能拥有一个强壮的身体，避免总是生病。切记，健康是玩乐和学习的前提，我们要努力成为自己身体的守护者。

关注心·理健康，培养积极的心·态

心情与健康是紧密相连的，当我们心情愉悦时，身体也会感受到那份快乐。正如我们每天需要摄取各种食物来补充能量一样，我们的心情同样需要"好心情食物"，关注心理健康，培养积极的心态，就像是为心灵提供"营养餐"，能够帮助我们建立起强大的内心，使我们无论遇到什么困难，都能以乐观的心态去应对、去克服。

教养故事

小宸头脑聪明，经常受到大人们的表扬，但他有时会因为一些小事情而感到焦虑和不安。比如，每次考试前，他总是担心自己不能取得好成绩，这让他感到压力很大。又一次考试即将来临，考前两天，他就开始失眠，一会儿出来跑趟厕所，一会儿又出来喝一杯水。

后天就要考试了，我太紧张了，竟然睡不着。

他这样频繁地跑进跑出，引起了妈妈的注意，妈妈耐心地听他诉说自己的担忧，然后安慰他说，每个人在面对挑战时都会感到紧张，这是正常的。然后，妈妈教给他放松的方式，慢慢地做几次深呼吸。

我终于克服了紧张的情绪!

很棒，小宸!

小宸开始尝试这些方法。他发现，当他感到紧张时，深呼吸真的能帮助他平静下来。慢慢地，他学会了管理自己紧张的情绪，不再那么害怕考试了，他的成绩也逐渐稳定下来。

故事启迪

小宸的故事给我们的启示是，当面对压力时，学会放松和调整心态是非常重要的。

积极的心态并不是与生俱来的，而是需要我们通过不断地学习和实践来培养的。那么，我们怎样才能培养出积极的心态呢？

首先，我们要认识到，每个人都会遇到困难和挑战，这是生活的一部分。当我们遇到问题时，不要害怕，也不要逃避，而是要勇敢地面对它，寻找解决问题的方法。

其次，我们要学会自我调节。当我们感到紧张或焦虑时，可以通过一些简单的方法，如深呼吸、散步或听音乐，来帮助自己放松情绪。这些方法不仅可以帮助我们缓解压力，还可以让我们的心情变得更加愉快。

此外，我们还要培养积极乐观的生活态度。即使在困难面前，我们也要相信自己有能力克服它。这种乐观的心态，可以帮助我们保持积极向上的精神状态，更好地面对生活中的各种挑战。

同时，我们还要注重与家人和朋友的交流。当我们遇到困难和问题时，不要把自己封闭起来，而是要勇敢地向他人寻求帮助，家人和朋友的支持和鼓励可以给我们带来巨大的力量。

通过这些方法，我们就可以逐渐培养出积极的心态，以便更好地面对生活中的各种挑战。请你记住，积极的心态是我们最宝贵的财富，它可以帮助我们克服困难，实现自己的梦想。所以，让我们一起努力，关注心理健康，培养积极的心态，成为更好的自己吧！

举一反三

小林的成绩一般，但他在绘画上十分有天赋，每当他拿起画笔，就能忘记所有的烦恼，沉浸在色彩和线条的世界里。然而，小林的画作很少得到同学们的认可，因为他们更喜欢追逐流行和成绩优秀的孩子。

一次，学校举办了一场绘画比赛，小林提交了自己的作品，期待着能够得到大家的喜欢。但是，比赛结果出来后，小林并没有获奖，他的作品甚至成了一些同学嘲笑的对象，他们取笑小林的画作古怪，不符合常规。

哈哈，看看这颜色搭配，太奇怪了！

这是画的什么呀？真丑！

　　小林感到非常沮丧和孤独，他开始怀疑自己的绘画才能，甚至考虑放弃绘画，于是就跟美术老师说出了心里的想法，他的老师听了他的话，感到很震惊，他认为小林天赋异禀，如果不再画画的话，就太可惜了。

　　在一次课后，老师带着小林走到学校的画室，让他看墙上挂着的一幅幅作品，老师说："你看，这些作品风格各异，有的细腻，有的狂放，但没有哪两幅是完全相同的。艺术是个人情感的表达，每个人的视角都是独一无二的。"

　　老师的话像一束光照亮了小林的心，他意识到自己的风格虽然与众不同，但同样有其独特的美，想通这点，他便不再过分在意别人的看法，而是继续追求自己的热爱，用自己的方式表达内心世界。

对啊，我之前从未见过这样的风格，太独特了！

这幅画真是让人眼前一亮！

　　后来，小林的画作逐渐得到了更多人的欣赏，他还参加了许多的展览和比赛，甚至取得了不错的成绩。

智慧锦囊

　　培养积极心态的秘诀，在于三件事情：首先，明白自己的价值和独特之处；其次，学会在压力和挑战面前保持冷静；最后，理解并尊重他人的感受。这三者共同构建起强大的内心世界，让我们在生活的风浪中，依然能够保持乐观和坚韧。

树立安全意识，学会自我保护

思考时刻

对于我们来说，学会自我保护既是对自己负责，也是对他人负责。安全意识的培养应该从小事做起，从现在做起，通过日常的学习和实践，逐渐建立起安全意识，学会在不同的环境中保护自己。这样，无论我们走到哪里，都能够像勇敢的小鸟一样，展翅高飞，同时也不忘留意四周，避开潜在的危险。

教养故事

小明独自一人在家，电话铃声突然响起，他跑过去，一把拿起听筒："喂，你好？"电话那头传来一个陌生的声音："小明，我是你爸爸的好朋友，他让我来接你。"

小明记得老师讲过的话，心里有些犹豫。他想了想，然后回答说："哦，叔叔，我爸爸很快就回来了，您要不等他回来再说吧。"电话

那头沉默了一下，接着说："那好吧，我等你爸爸回来再联系他。"

小明挂上电话，心里有点不安。爸爸回来后，小明赶紧把电话的事情告诉了他。爸爸仔细听了，然后笑着摸了摸小明的头说："做得很好，儿子。安全最重要，你今天做得很对。"

小明听了爸爸的话，心里暖暖的，但也记住了不要轻信陌生人的话。

故事启迪

小明的故事提醒我们，在遇到不明情况时，一定要保持冷静和谨慎。

在我们身边，隐藏着一些我们看不见的危险。但同时也隐藏着一些我们看不见的危险。这些危险可能来自陌生人的突然造访，也可能来自坏人的一通电话。如果有什么让我们感到不安或疑惑，我们应该停下来，仔细思考，学会辨识潜在的危险信号，比如一个陌生人提出的不寻常请求，或者一个我们从未听说过的紧急情况。

此外，我们还要记住，无论发生什么，家人和老师都是我们可以信赖的人。当我们遇到问题时，要寻求他们的帮助，因为他们比我们更有经验，能给我们提供正确的指导。

此外，我们要养成良好的安全习惯。如果有人来敲门，先通过门镜或门上的窥视孔确认来者是谁，即使是熟人，也不要轻易开门，除非我们已经通过其他方式确认了他们的身份；绝对不能随意将父母不在家或者我们独自在家的信息透露出去；如果遇到紧急情况，拨打预先记住的紧急联系电话，比如父母的手机号码或紧急服务号码。

通过这些方法，我们可以建立一道坚固的安全防线，帮助我们在面对危险时，能够保护自己不受伤害。这样做，我们不仅能够保护自己，也能让家人放心。所以，让我们一起成为既聪明又勇敢的孩子，掌握自我保护的技能，健康快乐地成长。

举一反三

小刚对于即将到来的周末爬山活动感到无比兴奋。在出发的前一天晚上，他仔细地准备了自己的装备，挑选了一双耐磨的徒步鞋，确保自己的双脚能够在崎岖的山路上也能稳步行走，他还装满了一瓶清水，带上了一些能量棒和坚果，以备不时之需。

爸爸则跟他强调了山路可能存在的风险，比如松动的石头、隐蔽的沟壑，甚至是突如其来的天气变化……小刚认真地听着，把这些安全规则记在了心里。

第二天爬山时，小刚像一只欢快的小鸟往山上跑，但他时刻保持警觉，他注意到山路上的石头有时会滑，所以他小心翼翼地踩稳每一步，确保自己不会摔倒。

在一段特别陡峭的路段，他发现了一块看起来不太稳固的石头，他没有冒险去测试它的稳定性，而是选择了绕道而行，并且提醒后面的家人要注意安全。

经过几个小时的努力，他们终于到达了山顶。小刚看到一条小溪，溪水清澈见底，他先观察了水流的速度，确认了水深，并询问了爸爸的意见。得到爸爸的允许，并在爸爸的监督下，小刚脱了鞋子，卷起裤腿，踏入了凉爽的溪水中，小心翼翼地避开了滑溜的石头和尖锐的贝壳，选择在一个水流平缓的地方玩耍。

好的，儿子，谢谢你提醒。

这里有块石头不太稳，大家小心。

在溪水的轻抚下，小刚感到无比的清凉和愉悦。而这次爬山经历，让小刚收获颇丰，既开心，又学到了很多野外生存的安全知识。

智慧锦囊

无论身处何地，我们首要考虑的都是安全。保持警觉，时刻留意周围环境的变化，这是避免危险的关键。遵守规则，不贪图一时之快而冒险行事，这是对自己和他人负责的表现。真正的勇敢不是无惧危险，而是在面对危险时能够审慎行事。

合理规划上网，确保网络安全

思考时刻

网络在赋予我们无限可能的同时，也潜藏着诸多未知的风险。因此，我们要学会在网络的海洋中安全航行，辨识真伪，保护自己，安全而自信地探索这个充满新奇的网络数字世界。

教养故事

小宇对网络游戏的热爱几乎到了痴迷的地步，他的父母看在眼里，急在心上。于是，他们与小宇一起开诚布公地讨论如何平衡游戏与学习的时间。

他们共同制定了"网络使用规则"，具体要求如下：每天的游戏时间严格控制在1小时以内，并且只能在高质量完成当天的作业后进行；上网时，小宇不得透露任何个人的真实信息，包括姓名、住址、学校等；此外，还包括了定期与父母交流网络见闻，让父母了解他在网络上的活动。小宇严格遵守了这

> 我们不能只禁止他，这样只会适得其反。

> 这个操作太酷了！

些约定，于是，他的学习成绩得到了稳步提升。

我要先完成作业，然后再玩一会儿游戏。

看来制定的规则起作用了。

故事启迪

网络虽然是一个充满无限可能的奇妙世界。但也隐藏着各种潜在的风险，因此，我们要学会在网络世界中安全地探险。

首先，要合理安排上网时间。我们要给自己设定一个时间限制，比如每天只上网 1 小时，或者只在完成作业后才上网。

其次，学会辨别网络信息的真伪。如果看到让我们感到不舒服的信息，或者有人要求我们提供个人信息，我们要学会说"不"，并及时向大人求助。

网络是我们的工具，而不是我们的主人，在网络世界中，我们要用智慧和自律去探索，而不是被它控制。

等等，不是说赚钱的吗？为什么还要我付钱？

快速赚钱，轻松致富

支付费用以领取奖金

举一反三

看，这些都是网络骗局，我们要学会辨别。

原来如此，我以后会小心的。

浩宇坐在电脑前，"快速赚钱，轻松致富"的广告承诺让他心动不已。他想，这也许是一个赚取零花钱的好机会，于是，他输入了自己的信息，注册了账号。

游戏开始后，他按照游戏的指示，完成了一个又一个任务，期待着能够获得丰厚的回报。然而，游戏结束后，他收到了一封电子邮件，要求他支付一定的费用以领取所谓的"奖金"。

这封邮件让浩宇感到困惑，他不知道该怎么办了。

踟蹰良久，他向好朋友晓蕾求助。晓蕾仔细阅读了邮件，说："这封邮件看起来像是一个网络骗局，他们利用人们贪婪的心理，诱使人们上当。"浩宇听了心中一惊，他没想到自己竟然差点上当受骗。从那以后，浩宇开始利用网络来学习各种有用的知识，而不是被网络所利用。

智慧锦囊

学会合理规划上网时间，培养辨别网络信息真伪的能力，是我们安全探索网络世界的必备技能。

第三章

学习的规划

学习是成长的阶梯，每一步都离不开明确的规划。一个好的学习规划，能让我们在追求学问的路上，发现自己的兴趣，挖掘内在潜力，培养阅读习惯，开阔视野。同时，也能够让我们掌握高效的学习方法，坚忍不拔地面对挑战和挫折，让我们在终身学习的道路上不断进步，持续成长。

制订学习计划，明确追求知识的方向

思考时刻

　　学习就像是我们每天要完成的任务，有时候可能会让我们犯难。但是，如果我们有一个合理的计划，便能清晰地知道先做什么，再做什么，学习就会变得更加简单和有趣。学习计划是我们学习过程中的好帮手，它帮助我们管理时间，提高学习效率，并且让我们不会忘记任何一项作业，还能更好地掌握知识。

教养故事

这么多书，我该从哪里开始复习呢？

6月
日 一 二 三 四 五 六
1 2
3 4 5 6 7 8 9
10 11 12 13 14 15 16

　　小宇坐在书桌前，上面堆着各种课本和笔记本，但他不知道从哪本书开始复习。眼看期末考试的日子一天天临近，他的心里越来越慌。

　　妈妈看到小宇焦虑的样子，便和他一起把他喜欢的科目和觉得难的科目都罗列出来，然后为每一个科目设定了学习时间和小目标，用不同颜色的笔来标记每天的复习计划，比如绿色表示数学，蓝色表示语文……

接下来的日子里，小宇按照计划，早上读书，晚上专心做数学题。每完成一个任务，他就在时间表上做个记号，看着那些记号越来越多，他的心里也越来越踏实。

期末考试的时间到了，小宇发现自己不再像以前那样紧张。他按照计划复习了所有内容，而且还有时间去操场上打篮球放松心情。

> 数学复习完了，可以打个勾了。

> 按照计划来，你会越来越有信心的。

故事启迪

制订学习计划其实就是优化我们的学习过程。首先，要制定一个具体、可衡量、可达成，又有时限性的目标。然后，将大目标细化为一系列小目标，这些目标应该是逐步递进的，每一步都为实现最终目标奠定基础。

此外，掌握你的学习风格，并将其融入你的学习计划中，可以提高你的学习效率。同时，确保你的计划中包含着休息时间。

学习计划应该是灵活的，如果某天我们发现某个科目比预期难，或者有额外的活动，则可以及时调整计划，确保学习进度不受影响。而且，我们要定期回顾和评估学习计划。通过回顾，我们会发现哪些方法有效，哪些需要改进，这样的自我评估有助于我们不断优化学习策略。

最后，你可以使用学习日志、电子表格或手机应用来记录你的进度。每当你完成一项任务或达到一个里程碑，就记录下来。这些记录将成为你的动力源泉，提醒你已经走了多远，还有多远要走。

举一反三

李芳的爱好十分广泛，阅读、写作、篮球和戏剧。最近，她感到十分苦恼，因为她发现篮球训练和戏剧社活动占据了她太多的时间，经常导致作业无法按时完成，而且好久都没有认真读过一本书了，写作计划也一再搁置。

于是，李芳决定要改变这种状况。她在笔记本上写下了每个科目的名字，然后在下面列出了每周的学习任务。她为语文和历史分配了更多的时间，因为她知道这是她需要加强的地方；其次是数学和科学；最后还安排了一些额外的时间给感兴趣的英语和美术。

李芳还为自己设定了一系列小目标，比如每天至少阅读半小时，每周完成一篇读书笔记。她把这些目标都写在了日历上，每天晚上睡觉前都会检查自己的完成情况。

为了更好地实现这些目标，李芳开始利用图书馆的资源。她还开始尝试通过网络学习，在网上找到了一些优质的在线课程，这些课程帮助她巩固了课堂上学到的知识。

此外，李芳还加入了学校的学习小组。她和几个同学每周都会聚在一起讨论学习中遇到的问题，这种互助式学习让她感到非常开心，她发现自己能够从同伴那里学到很多东西。

随着计划的施行，她也不断在改进，慢慢地，她的学习计划越来越完善。有序的学习让她的成绩也有了明显的提高。

智慧锦囊

通过学习计划，我们能更好地管理自己的时间和资源。当计划被遵循并逐步实现时，我们会感受到持续的进步和成就感，这种正向反馈循环能够激发我们学习的热情，使整个学习过程变得更加愉快和有效。

坚持不懈，让学习成为习惯

思考时刻

　　学习不是一场短跑，而像是一场马拉松，需要我们持续地"跑"下去。在这场马拉松中，耐力和坚持是通往终点的关键。学习也不是一蹴而就的，要求我们像细水长流那样，不断地积累和深化。当我们将学习融入日常生活，它就会变得自然而然，而不再是一种负担或额外的任务。

教养故事

　　在西晋的动荡时期，祖逖与好友刘琨共同怀抱着复兴晋国的梦想。两人在司州担任主簿，白天忙碌于公务，夜晚则同床共被，畅谈人生和理想。

　　一天深夜，祖逖被鸡鸣声惊醒，他轻推刘琨，两人在夜色中交谈。祖逖提议，不如以鸡鸣为号，早起练剑，以此磨炼意志，准备为国家贡献力量。刘琨赞同，于是两人在月下对剑，剑光闪烁，直至天明。

　　功夫不负有心人。经过日复一日的练习，祖逖和刘琨的剑术日益精进，他们的名声也随之传遍乡里。他们不仅在武艺上有所成就，更在文学上有所建树，成为文武双全的人才。最终，祖逖被封为镇西将军，刘琨做了征北中郎将，都有所成就！

闻鸡起舞，正是磨炼意志之时！

剑锋所指，晋室复兴之梦不息！

故事启迪

这个故事体现了坚持和良好的学习习惯对于个人成长和成功的重要性。

学习是一个持之以恒的过程。在这一过程中，我们会遇到难以理解的概念、复杂的数学问题或是大量难以记住的词汇。面对学习中的困难，我们首先需要保持积极的心态，要相信自己有能力解决问题。

此外，在遇到难题时，我们可以查阅书籍、利用在线资源，或是与同学和老师进行讨论。同时，我们也要学会自我反思，分析问题产生的原因，从而避免将来再次遇到相同的困难。

最后，我们要培养解决问题的耐心和毅力。学习中的挑战需要我们投入一定的时间和精力，有时甚至需要反复尝试。但只要我们坚持不懈，就能够掌握解决问题的方法，增强自己的学习能力。

让学习成为习惯，既要合理安排时间，更要有专注和投入的态度。在学习时，我们应该尽量避免分心，选择一个安静的学习环境，这样可以让我们精力更集中，进而提高学习效率。

同时，我们要识别自己在一天中精力最旺盛的时段，并在这段时间内安排更具挑战性的学习任务。例如，如果我们早上头脑最清醒，可以利用这个时间学习需要深度思考的科目；而在下午或晚上，可以安排一些复习或较为轻松的学习内容。

最后，我们要认识到，学习不仅仅是为了应对考试或完成任务，更是一种自我提升的过程，我们可以锻炼自己解决问题的能力，增强自信心，并为未来的学习和生活打下坚实的基础。

举一反三

战国时期，说客苏秦见秦王时献连横之策，但是多次上疏均未被采纳，彼时，他所穿的黑色貂皮大衣已经磨破，带去的黄金也消耗殆尽。无奈之下，他只得离开秦国，踏上归途。苏秦背着书箱，挑着行李，面容消瘦，肤色黝黑，一脸羞愧。

回到家中，苏秦面对的是家人的冷漠。妻子没有停下手中的织布工作，嫂子没有为他准备饭菜，连父母也对他不闻不问。这一切，让苏秦深感自责，他长叹道："妻子不把我当丈夫，嫂嫂不把我当小叔，父母不把我当儿子，这都是我的过错啊！"

深夜，苏秦独自一人在书房中，他翻找着书箱，希望能够找到改变自己命运的知识。最终，他找到了姜太公的兵书，于是决定埋头苦

> ……父母不以我为子，此皆我之罪也。

读。他反复研读，深入体会，每一个字、每一个策略，他都不放过。

每当夜深人静，困意袭来，苏秦就拿锥子刺自己的大腿，用疼痛让自己保持清醒，他绝不允许自己放弃，只有坚持下去，才能达成自己的目标。

日复一日，年复一年。苏秦的书房灯火通明，他的身影在灯下显得格外孤独。他的大腿上布满了疤痕，每一个疤痕都是他坚持学习的见证。

为了实现理想，这点痛楚算得了什么？

经过一年的刻苦学习，苏秦终于学有所成。他再次出发，游说各国君主，这一次，他的话语充满了力量和智慧。他的思想深受各国君主的赞赏，最终，他成为六国的宰相。

智慧锦囊

当我们完成一项学习任务，或者达到一个小目标时，可以给自己一些奖励，激励会让我们的学习之旅变得更加有动力。学习是一个长期的过程，只要我们坚持不懈，就一定能够取得成功。

培养阅读习惯，开阔视野

思考时刻

　　书能够打开心灵之门，让我们看到更广阔的世界。每天抽出一点时间来阅读，不仅能够增长你的知识，丰富你的情感，还能让你变得更聪明、更有创意。阅读如同与智者对话，每一页都是新的启示，每一章都藏着生活的智慧。当阅读成为你生活的一部分时，你将发现，一个全新的世界在等待着你去发掘。

教养故事

《史记》里的故事真是太精彩了，我仿佛穿越了时空，亲眼见证了那些历史时刻！

　　李明非常喜欢看书，课余时间常常会捧着一本书认真地读。一天，李明的爸爸送了他一套《史记》。这是中国古代史学家司马迁所著的一部纪传体通史，记载了从上古传说中的黄帝时代到汉武帝太初四年长达三千多年的历史。

　　每天放学后，李明都会迫不及待地翻开《史记》，沉浸在书中的世界。他随着司马迁的笔触，一同见证了秦始皇统一六国的雄心壮志，感受到了楚汉争霸的悲壮激烈，以及汉武帝开疆拓土的豪迈气概。

渐渐地，李明发现自己思维变得更加敏锐和深邃。在学校的历史课上，他总能提出独到的见解，让老师和同学们刮目相看。

后来，他在学校的演讲比赛中，引用《史记》中的故事和人物，将古代的智慧和勇气融入自己的演讲中，赢得了师生们的阵阵掌声。

故事启迪

阅读是世界上最美好的旅程之一，它不需要护照，不需要行李，只需要一本书，就能带我们去任何地方。

首先，阅读能让我们接触到不同的文化和历史。每一本书都是一个窗口，透过它，我们可以看到不同的生活、不同的思想。

其次，阅读能激发我们的想象力和创造力。当我们阅读一本好书时，书中的情节、人物和场景会在我们脑海中形成一幅幅画面。这种想象力的锻炼，对我们的创造力发展非常有益。

此外，阅读还能提高我们的逻辑思维能力。书中往往包含了作者的观点和思考。通过阅读，我们可以学习到不同的思考方式，这对于我们形成独立的思考能力非常重要。

我们还可以在阅读的过程中提出问题，寻找答案，这样的探索过程让我们的思维更加敏捷。

那么，要如何培养阅读习惯呢？

　　首先，我们可以从自己感兴趣的书籍入手，无论是小说、漫画，还是科普书籍，然后制订一个阅读计划，每天抽出一点时间来阅读，逐渐增加阅读的时间和深度，持之以恒地坚持下去。

　　其次，我们可以在日记或阅读日志中记录自己的阅读体验和心得。

　　再次，和家人、朋友分享阅读的乐趣，一起讨论书中的内容，分享各自的见解，因为这样的交流能让我们获得更多的启发和乐趣。

　　记住，阅读不仅是学习，更是一种享受，因此，不要给自己太大的压力。

举一反三

　　卢杰痴迷于电子游戏，而他的同桌袁玲是个不折不扣的书迷，课间总能看到她手里捧着一本书，卢杰觉得书本上的知识与自己的生活格格不入，天天看书的人都呆呆的，于是，他常戏称袁玲为"书呆子"。

> 嘿，小书迷，又在啃书呢？

> 是的，书中有很多有趣的知识。

　　一次历史课上，老师讲到古埃及，问了大家几个问题，全班一片寂静，只有袁玲举手回答，而且，她还额外讲述了许多关于金字塔和木乃伊的趣事，既神秘，又引人入胜，卢杰听得十分认真。课后，他走到袁玲的桌前，好奇地问她书里的故事。

　　袁玲从书包里拿出一本关于太空探险的书，递给了他，袁杰起初只是随意翻翻，但很快，他就被书中关于遥远星系和神秘黑洞的描述吸引了，他开始在午休和放学后的时间里，慢慢翻阅这本书，几乎到了废寝忘食的地步。

> 哇，这本书真是太有趣了，我从没想过太空会这么神秘！

> 书中的世界比游戏还要精彩呢！

几周后，卢杰读完了那本太空探险书，又去图书馆借阅了更多关于天文和历史方面的书籍。读完了再借，周而复始，慢慢地，他不再玩游戏了，而是把时间都花在阅读上，随着阅读的深入，他的视野也在不知不觉中拓宽了。

朋友们注意到卢杰课余时间不再只谈论游戏，而是开始分享他从书中读到的有趣故事，整个人也不再像之前那样毛毛躁躁的，不久，一些同学也开始向卢杰和袁玲借书，甚至在课间休息时，他们会围坐在一起，讨论书中的内容，边讲边笑，十分开心。

智慧锦囊

阅读是一件很个人的事情，你可以选择在任何时候、任何地点开始你的阅读之旅。不要担心读得慢或者读不懂，重要的是享受阅读的过程。慢慢地，你会发现阅读就像是和你最好的朋友在聊天一样，既轻松又愉快。所以，拿起你最喜欢的书，开始你的阅读冒险之旅吧！

掌握有效的学习方法，提高学习效率

思考时刻

如果我们用错误的方法去做事情，比如用勺子去砍树，结果会怎样呢？肯定是既费时又费力，还做不好。学习也是一样，如果我们没有掌握有效的学习方法，就会像用勺子砍树一样，事倍功半。相反，当我们找到了适合自己的学习方法，就能像用锋利的斧头砍树，事半功倍，轻松高效地完成学习目标。

教养故事

唉，又是通宵复习，早知道平时就该用点心。

23:47

林浩天资聪颖，但学习成绩一般，每天放学后，他总是习惯性地先玩耍，将作业拖到深夜才开始动手，他认为自己能够凭借聪明才智快速完成作业。

他从不提前预习，也不做课后复习。因此，每当考试临近，他才开始临时抱佛脚，通宵达旦地恶补，企图将一学期的知识在短时间内全部塞入脑中。然而，这种方法常常让他感到疲惫不堪，考试成绩也是时好时坏，不稳定的表现让老师和家长都感到担忧。

有一次，班级里组织了一场关于历史知识的比赛，林浩信心满满地参加，以为依靠自己的聪明才智可以轻松获胜。可是，比赛涉及的许多细节知识，正是他平时忽略的。结果，林浩不仅未能取得优异成绩，还因为缺乏系统学习，回答时漏洞百出，让他深受打击。

故事启迪

林浩的经历告诉我们，学习不是一蹴而就的，而是一个持续的过程。临时抱佛脚可能在某些时候能让我们勉强过关，但它无法帮助我们建立扎实的知识基础，而且还会导致我们在关键时刻倍感焦虑，影响我们的发挥。

有效的学习方法能够帮助我们更好地吸收和理解知识。例如，通过定期复习，我们可以巩固知识，避免遗忘。提前预习则能够帮助我们对即将学习的内容有一个基本的了解，上课时就能更快地理解和吸收新的知识。

此外，系统地学习和复习，可以确保我们对知识点全面地理解，而不是只掌握大概。在学习中，尤其要注重细节，因为细节往往是理解和应用知识的关键。

因为每个人的学习风格不同，所以，我们要找到适合自己的有效学习方法，不妨试一试下面的几种方法。

像玩游戏一样学习：把学习当成一种探险，用游戏化的方式让学习变得更有趣。

小小故事家：用讲故事的方式来记忆新知识，这样更容易记住。

画一画：用画图的方式来整理思路，比如画个思维导图，帮助理解复杂的概念。

学习小伙伴：和朋友们一起学习，互相请教，这样可以学得更快。

定时闹钟：用闹钟来规划学习时间，比如每学习 25 分钟就休息 5 分钟。

梦想板：制作一个梦想板，上面贴上你的目标和计划，时刻提醒自己。

快乐日记：每天写日记，记录自己的学习心得和进步。

举一反三

小雪一直对数学感到困惑，那些复杂的公式和图表在她看来就像是一座座难以逾越的高山。每次数学考试，她总是感到焦虑和无助。然而，一次偶然的机会，她在网上发现了一个用动画讲解数学问题的网站，网站上的动画视频以生动有趣的方式解释了数学概念，小雪被深深吸引。她开始跟着视频一步步学

哇，原来数学这么有趣！

习，逐渐发现数学的逻辑和美感。通过观看动画，她能够更轻松地记住公式和概念，而且理解也更加深刻了。

受到动画视频的启发，小雪开始尝试用更有趣的方法来学习数学。她用家里的乐高积木搭建几何图形，通过动手实践来理解形状和空间的关系。她还设计了一些简单的游戏，通过游戏来探索概率和统计的概念。

小雪的变化很快就被她的同学发现了。他们开始向她学习，小华开始用绘画来记忆历史事件，他会画出时间线和重要事件的图标，用视觉化的方式来帮助记忆。小丽还用角色扮演的方式来学习英语对话，她会和同学们一起表演不同的角色，通过实际对话来提高口语水平。

班级里的学习氛围变得更加积极向上了。老师也注意到了这一变化，并开始鼓励学生们分享自己的学习方法。同学们开始组织学习小组，互相讨论和帮助。他们发现，通过分享和合作，每个人都能从中学到新的东西，学习变得更加高效和愉快。

我用乐高积木来理解几何！

这些图标帮我记忆历史事件。

智慧锦囊

无论你现在处于学习的哪个阶段，都不要忘记持续探索，不断尝试，找到最适合自己的学习方法。学习不仅仅是为了获取知识，更是为了培养自己独立思考和解决问题的能力，让我们在学习的道路上，不断前行，不断成长！

准备考试，面对挑战不退缩

考试不仅是检验我们学习成果的时刻，更是我们展现所学的舞台。面对即将到来的考试，你是否会感到紧张或不安？放心，这很正常，不必过分担忧，我们要带着平和的心态迎接即将到来的考试，因为在考试之前，我们已经做了充分的准备，所以，无须害怕，深呼吸，相信自己，你已经准备好了。

教养故事

不就是个测试，随便看看书，突击一下就好啦！

小悦是个聪明的孩子，但在学习上，她的态度十分随性。每当老师提及即将到来的测验，她总是漫不经心地想：反正我聪明，考前突击一下就行。

不同于其他同学紧张而有序地复习，她认为，学习应该轻松愉快，不必过分认真地对待。然而，随着考试日期的逼近，小悦开始在考前挑灯夜战，但遗憾的是，面对堆积如山的资料和复杂难解的概念，她感到力不从心，焦虑和疲惫接踵而至。

这些题目……我之前为什么没有好好复习呢？

考试倒计时 01

考试那天，小悦坐在考场里，面对试题，许多熟悉的知识点仿佛都蒙上了一层薄雾，变得模糊不清。因为没有系统的准备，仅凭所谓的"聪明"难以应对试题的挑战。成绩公布后，小悦看着并不理想的成绩，心中充满了失落和自责。

故事启迪

小悦的故事提醒我们，即使是聪明的头脑，也不能替代充分的准备。考试前的自信来自平时的积累和有序的复习，而不是临时突击。

首先，将所有需要复习的科目和知识点列出来，接着，根据考试的时间表，将这些知识点合理地分配到每一天的复习中，确保每个科目都有足够的时间来准备。在制订计划时，要注意避免一次性安排过多内容，以免造成不必要的压力和身体的疲劳。

复习时，采用高效的学习技巧提升你的复习效率。比如，用不同颜色的笔来标记教材中的关键点和难点，帮助你通过视觉记忆加深印象。或者制作思维导图，将复杂的知识点以图形化的方式呈现出来，帮助你构建起知识体系的整体框架，加深理解和记忆。

其次，我们要练习时间管理的本领。考试时，我们需要在有限的时间内完成试题，这就要求我们在平时的模拟考试中练习快速而准确地思考和作答。通过这种方式，我们可以提高我们的应试技巧，减少考试时的紧张感。

此外，我们要学会放松。考试前，我们可以通过深呼吸、短暂散步或听轻松的音乐来缓解紧张的情绪。在考试中，我们要保持冷静和专注，如果遇到难题，不要慌张，先做自己会的题目，然后再回来解决不会的。

最后，无论考试结果如何，我们都要对自己保持肯定的态度。考试是学习过程中的一部分，它帮助我们了解自己的优势和需要改进的地方。我们要从每次考试中学习，为下一次考试做好准备。

举一反三

江云的数学成绩一直不是很理想，每次想到即将到来的数学考试，她的心里就像被一块石头压着，这次又到了期中考试，她决定迎难而上，攻克心中对数学的恐惧。

这次，我一定要战胜数学！

期中考试
倒计时

她给自己制定了复习目标和计划，每天放学后，她都会坐在书桌前，专注地解答数学题。每完成一个目标，就在计划表上打个钩。她的错题本上，记录着她每天的思考和进步，每一页都见证着她的努力。

某天放学后，江云带着她的错题本找到了数学老师。她坦诚地表达了自己对即将到来的期中考试的担忧。老师耐心地听她说完，然后给了她一些额外的练习题，并分享了一些解题的小技巧。江云认真地把老师的每一句话都记在了心里。

此外，江云还和几个同学一起成立了一个学习互助小组。他们每天放学后聚在一起，讨论数学问题。在这个小组里，每个人都可以自由地分享自己的想法，江云也从同伴们的解题方法中学到了很多解题技巧。

期中考试的日子终于到来，江云带着自信走进了考场。她深吸了一口气，然后开始认真地答题。她用老师和同学们教的技巧，一步步地解答着试卷上的题目。时间一分一秒地过去，江云始终保持着专注，她的心中只有一个念头：我已经尽力了。

铃声响起，考试结束。江云交上了自己的答卷，心中充满了满足感。她知道自己已经尽了最大的努力，无论成绩如何，她都对自己感到满意。

> 我已经尽力了，不管结果如何，我都对自己的表现感到满意。

智慧锦囊

考试只是学习旅程中的一个节点，并不是终点。无论结果如何，它都不应该定义你，重要的是你在这个过程中学到了什么，你是如何面对困难的。保持学习的热情，保持自信，做好准备，这比考试本身更加重要，要相信自己的努力会有回报。

培养批判性思维，学会独立思考

思考时刻

"学而不思则罔，思而不学则殆。"孔子的这句话提醒我们，学习与思考是相辅相成的。培养批判性思维，就是要学会不盲目接受任何观点，而是要主动地分析和质疑。

教养故事

小明是个勤奋的学生，一直按部就班地接收着新的知识点。有一天，学校里新来的历史老师鼓励学生们对历史事件提出自己的见解和疑问。

当老师讲述关于秦始皇统一六国的故事时，小明对秦始皇的功过是非产生了疑问，他利用周末的时间，去图书馆查阅资料，上网搜索。

秦始皇究竟是功大于过，还是过大于功呢？我得好好研究一下。

小明发现，关于秦始皇的评价，有的历史学家认为他是一个伟大的统治者，有的则认为他是一个暴君。他通过对比分析，逐渐形成了自己的见解：秦始皇虽然在统一六国和推行中央集权方面有重大贡献，但他的一些做法也带来了负面影响。

在下一次的历史课上，小明勇敢地分享了自己的观点。老师和同学纷纷为他鼓掌，后来，小明不再只是被动地接受知识，而是学会了主动地探索和思考。

故事启迪

对任何事情，不管是书本上的知识点，还是生活中的小事，都要敢于提出疑问，然后学会寻找答案。这需要你查阅资料，或是与他人讨论。

在这个过程中，不要急于接受你找到的第一个答案。在信息爆炸的时代，你每天都会接触到大量的信息，但并不是所有信息都是准确无误的。学会多角度思考，从不同的角度出发，对比分析，这样可以帮助你更全面地理解问题。同时，要学会评估信息的来源，判断其是否权威、是否客观，还要区分事实和观点，识别信息的真伪。

此外，培养批判性思维还需要你保持开放的心态，能够接受不同的观点和意见。即使有些观点与你原有的认知相悖，你也要给予足够的尊重和考虑。

独立思考赋予了你解决问题的独特优势。当遇到难题时，你不会满足于寻找一个标准答案，而是要激发自己的创造力，尝试用自己的方法去探索和解决。这个过程可能充满挑战，可能会遇到多次失败，但每一次的尝试和努力都是对思维能力的锻炼和提升。你的思维会变得更加敏锐、更加独立、更加强大。

此外，独立思考还能够让你在学习和生活中更加自信。当你能够依靠自己的判断做出选择，用自己的方法解决问题时，你的内心将充满力量和信心。

因此，不要害怕独立思考，不要害怕表达自己的观点。勇敢地去探索，去质疑，去创造。每一次的思考和尝试，都是你成长的宝贵财富。

举一反三

洋洋是个好奇心很强的孩子，他对自然课上老师讲的每一个知识点都充满了兴趣。那天，自然老师讲解了植物生长的三大要素：阳光、水分和土壤。洋洋听得津津有味，但他的脑海中突然冒出了一个疑问："我家阳台上的多肉植物，我并不经常浇水，为什么它们还是长得那么好呢？"

洋洋回到家后，找出了家里关于植物养护的书籍翻阅起来，但书中并没有提到关于多肉植物的特别之处。他转而打开了电脑，开始在网上搜索多肉植物的特性。他了解到，多肉植物原生于干旱地区，它们的叶片厚实，能够储存大量的水分，因此不需要经常浇水。尽管多肉植物需要阳光来进行光合作用，但它们并不耐强光直射，长时间暴晒可能会导致叶片晒伤。

洋洋对这些新知识感到非常兴奋，他把这些信息整理成一份小报告。在报告中，他详细解释了多肉植物的特殊习性，以及为什么它们不需要频繁浇水。

第二天，洋洋带着他的小报告来到了学校。在自然课上，他向老师和同学们分享了自己的发现。老师听后非常高兴，表扬了洋洋的探索精神和独立思考的能力，并鼓励全班同学都要像洋洋一样，不轻信、敢于质疑，并且主动去寻找问题的答案。

洋洋的分享引起了同学们的极大兴趣，甚至有些同学表示放学后也要去洋洋家的阳台上看看那些特别的植物。

智慧锦囊

当你开始独立思考时，你就掌握了打开世界大门的钥匙。你会发现，每个问题都像一扇门，背后藏着无限可能。不要害怕犯错，因为每一次的尝试都是向前迈出的一步。而随着你批判性思维的建立，你将更加自信地面对生活中的各种挑战。

创新思维让知识融会贯通

思考时刻

　　学习不只是记住答案，更是一场充满想象力的奇妙旅程。创新思维能够将不同领域的知识巧妙地拼接起来，犹如完成一幅错综复杂的拼图，逐渐揭示出知识的全貌。当我们在学习中积极运用创新思维，就像是在玩一场多维的智力游戏，不断探索、发现并连接各个知识点，让学习变得更加丰富、深入，并且充满乐趣。

教养故事

　　三国时期，曹操得到了一头罕见的大象，却苦于无法得知其重量。府中众人对此一筹莫展，但曹操的小儿子曹冲灵机一动，提出了一个巧妙的解决方案。

　　曹冲让家丁们将大象引至河边的一艘大平底船上。随着大象登船，船身逐渐下沉，河水漫至船舷的边缘。曹冲在船舷上刻下了一个记号。

　　接着，曹冲让大象回到岸上，然后开始往船上搬石头，一块一块地加，直至船身重新沉至记号处。他随即让

有了这个记号，就能知道大象的重量了。

家丁停止搬石，指着船上的石头说："称量这些石头的总重量，便知大象的重量。"

　　曹操及在场的众人对曹冲的聪明才智赞叹不已。曹冲巧妙地运用了浮力原理，以简单的方法解决了一个难题。

吾儿真是聪明过人！

这些石头的重量加起来就是大象的重量。

故事启迪

　　培养创新思维，首先需要我们学会联想思考。这不仅仅是学习书本上的知识，而是要像侦探一样，将不同领域的线索串联起来，从而解开知识的谜团。比如，当我们学习到物理学中的浮力原理时，可以思考它如何帮助我们设计更好的船只。通过这种方式，我们能够将抽象的科学概念与现实世界联系起来，激发出创新的解决方案。

　　同时，我们要鼓励自由探索。不要害怕走弯路，因为那些看似与学习无关的探索，比如观察一只蚂蚁搬运食物，或者尝试不同的乐器演奏，都可能在不经意间激发我们的创意。这些探索活动能够拓宽我们的视野，让我们的思维更加灵活和开放。

　　接下来，我们要练习头脑风暴。这是一种非常有效的创新思维训练方法。无论是独自一人，还是与朋友一起，我们都可以定期进行头脑风暴活动。在这些活动中，我们不必担心想法是否合理或者可行，只需要尽可能地列出所有可能的解决方案。这个过程能够激发我们的创造力，帮助我们打破传统思维模式的束缚。

此外，我们还要培养跨学科学习的能力，通过学习不同领域的知识，我们能够从不同的角度看待问题，提出更加全面和创新的解决方案。

通过这些方法，我们能够逐步培养出创新思维。这不仅能够提高我们的学习能力，还能帮助我们在未来的生活和工作中取得成功。

举一反三

在北宋时期，河中府（今山西省永济市）有一座浮桥，桥的两侧用八只铁牛来固定，每只铁牛重达数万斤。

然而，天有不测风云，治平年间，一场突如其来的洪水席卷了河中府，河水暴涨，冲断了浮桥，连同那八只沉重的铁牛也被卷入了波涛汹涌的河流之中。失去了铁牛的固定，浮桥无法使用，给当地百姓的出行带来了极大的不便。府尹焦急万分，贴出告示，悬赏能够捞出铁牛的人。

　　怀丙和尚在寺庙中修行多年，平日里除了诵经念佛，也喜欢研究各种机械和物理之学，他看到告示后，仔细分析了铁牛的重量和河水的流速，向府尹提出了自己的方案：使用两艘大船，船上装满泥土，利用船的浮力来抬升铁牛。在每艘船的一侧系上粗大的绳索，绳索的另一端则牢牢地绑在铁牛身上。接着，他又制作了一个巨大的木制杠杆，用以撬动铁牛。

　　在怀丙和尚的指挥下，众人将装满泥土的船只驶到铁牛沉没的位置。随着泥土的重量，船只缓缓下沉，绳索逐渐拉紧。怀丙和尚又命人用杠杆插入铁牛下方，随着泥土被逐渐移除，船只因为失去了重量而开始上浮，铁牛也被一点点地抬出了水面。

　　经过数日的努力，第一只铁牛终于被成功打捞出水面。府尹对怀丙和尚的智慧和勇气赞叹不已，他将此事上报给了朝廷。朝廷为了表彰怀丙和尚的功绩，赐予他紫衣，以示嘉奖。

慢慢移除泥土，让船只上浮，铁牛就能被抬起来了！

智慧锦囊

　　在多元化的知识体系中穿梭，能够帮助我们构建起一个多维度的视角，从而在不同领域间架起桥梁，实现知识的融会贯通。通过不断地探索和实践，我们每个人都能成为连接知识海洋的创新者。

终身学习是持续成长的动力

思考时刻

　　"活到老，学到老。"这句古语告诉我们，无论我们年龄多大，新知识的学习都能为个人成长提供不竭的动力。每一次学习都是自我提升的机会，我们要珍视并利用好生命中的每一刻，让学习成为我们生活的永恒主题。

教养故事

　　书画大师齐白石早期以木匠为业，利用工作之余，他自学诗文、篆刻，尤其痴迷于绘画。

　　步入中年后，他毅然决定离开家乡，拜在多位名家门下，学习传统国画技艺，后又勇于突破，形成了自己独特的艺术风格。在六十多岁时，他决定"衰年变法"，大胆吸收民间艺术与西方绘画元素，使得其作品更加生动自然，开创了"红花墨叶"的独特画风。

　　到了晚年，即便他的身体状况不佳，也坚持在画案前挥毫泼墨。他的书房挂着一幅字："一息尚存应不废，学习犹如逆水行舟，不进则退。"这正是他一生艺术态度的真实写照。

艺术之路，永无止境。

故事启迪

齐白石的故事告诉我们，终身学习是一种不断探索和自我提升的过程。

培养终身学习的习惯，首先要改变对学习的态度，将其视为一种乐趣而非负担。兴趣是学习的最好驱动力，无论是科学、艺术，还是体育，一旦有了兴趣，持续学习的动力就会源源不断。

其次，要充分利用身边的学习资源，如图书馆、网络课程和讲座等，它们是知识的宝库，能够帮助我们拓展视野，深化理解。

终身学习是一个持续的过程，我们需要具备十足的耐心和毅力，但只要我们保持好奇心，不断探索，就能够在这个过程中不断进步，不断成长。

举一反三

于光远是一位跨越多个学科领域的杰出学者，他的学术生涯和晚年生活充分体现了终身学习的理念。

他1915年出生于上海，毕业于清华大学物理系。他的学术生涯始于对物理学的热爱，然而，面对国家危难，他毅然投身革命，成为中国共产党的一员，并在延安参与了抗日战争和解放战争。新中国成

学无止境。

立后，他转向经济学研究，成为我国著名的马克思主义理论家和经济学家。

在于光远的晚年，他并没有停止学习和探索的脚步。他开始涉足文学领域，以散文家的身份活跃于文坛。他的散文作品以其深刻的思考和独特的见解受到读者的喜爱。于光远的文学创作，不仅丰富了他的个人生活，也为我国的文化事业作出了贡献。

于光远的学习精神在他86岁高龄时得到了新的体现。那一年，他开始学习使用电脑，并建立了自己的个人网站，这在当时是一种非常前卫的行为。在90岁之前出版了75部著作，其中包括多部散文集，如《古稀手迹》《窗外的石榴花》《我眼中的他们》《周扬和我》《我的编年故事》等。

活到老，学到老。

于光远曾表示，他不过百岁生日，但要出版百部著作。这一宏伟目标，虽然在现实中可能难以完全实现，却充分展现了他对学术追求的执着和对知识贡献的承诺。

智慧锦囊

保持对新知识的渴望、对新技能的学习，这将使你的思维更加活跃，视野更加宽广。

第四章

理财规划与价值塑造

　　理财规划是成长的必修课。在多变的经济环境中，我们要学会在众多选择中找到平衡，培养对日常消费的合理规划，以及对长期目标的稳健布局。理财规划可以提升我们的生活品质感，增强幸福感，使我们在资源有限的情况下，实现个人价值和梦想的最大化。

认识金钱是理财的第一步

思考时刻

金钱不仅是一种价值的体现，更是一种交换的媒介，让我们能够以一种公平和有序的方式，获取我们想要的物品和服务。

教养故事

小林在超市里看到了一个超级炫酷的遥控小汽车，他超想带它回家。妈妈告诉他，买东西需要钱，就像爸爸妈妈工作挣得的工资，用来买日常所需那样。小林一听，想到个好点子，他问妈妈能不能做家务赚钱。妈妈很高兴，答应让他帮忙摆餐具和收拾玩具，干好了就给零花钱，存进小猪存钱罐里。

> 当然可以，小林真懂事！

> 妈妈，我可以做家务来赚零花钱吗？

小林变成勤劳的小蜜蜂，每完成一项任务，妈妈不仅夸奖他，还会往存钱罐里放硬币。

几个星期过去了，小林的存钱罐变得沉甸甸的。数一数，哇，正好够买遥控小汽车！他兴奋极了，拽着妈妈再次来到超市，用自己存的钱把遥控小汽车买了下来，拿到遥控小汽车的那一刻，小林笑得像朵花儿，因为他用自己的努力，实现了愿望。

故事启迪

在我们的日常生活中，金钱就像是一把钥匙，可以打开许多扇大门，让我们得到我们想要的东西。我们用金钱购买食物、衣服和玩具，满足我们的基本需求和娱乐需求。金钱还能帮助我们支付学费，让我们获得知识，或者支付医疗费用，保障我们的健康。

然而，金钱并不是轻而易举就能获得的。它需要通过劳动、智慧或者投资来赚取，劳动可以是任何形式的工作，无论是体力劳动还是脑力劳动，都是获取金钱的途径。智慧则体现在运用知识和技能来创造财富上，比如通过发明创造或提供专业服务。投资则是将已有的金钱用于未来的增值，但是投资需要具备一定的市场洞察力和风险管理能力。

理财可以帮助我们学会怎样存钱、怎样花钱、怎样让钱生出更多的钱。这样，当我们长大后，想要实现自己的梦想，比如开一家小店，或者去环游世界，就不用为钱发愁了。

通过理财，我们能够学会如何合理地使用我们的钱，让我们的生活更加无忧无虑。

通过培养理财意识，我们可以学会规划和管理自己的财务，从而实现个人目标，提升生活质量，享受一个更加稳定和安心的未来。

举一反三

李明的存钱罐里有他通过做家务挣来的硬币，有他过年时收到的压岁钱，还有他在学校表现好时父母给的奖励，李明想攒钱买一辆遥控赛车。

他的同班同学张涛，却与他有着截然不同的金钱观念。张涛家境不错，父母总是给他足够的零花钱，但他一拿到钱就花掉，买零食、玩具，甚至在网络游戏上充值。

张涛看到李明的小猪存钱罐时，就嘲笑他："李明，你真是个葛朗台，只知道存钱，不知道花钱。钱不就是用来花的吗？"李明只是笑笑，并不反驳。

时间一天天过去，李明的小猪存钱罐越来越沉，他每天放学后都会花时间做家务，挣取额外的零花钱。他把这些钱一枚枚地投进小猪存钱罐里，听着硬币落下的声音，他的心里充满了满足和期待。

你真厉害，我也要开始存钱了。

我终于可以买下它了！

终于有一天，李明数了数小猪存钱罐里的钱，发现已经足够买遥控赛车了，他兴奋地跑到玩具店，用自己辛辛苦苦攒下的钱，买下了那辆梦寐以求的赛车。

而张涛因为不懂得储蓄和规划，总是把钱很快花光，因此，当他看到李明买到了遥控赛车时，心里既羡慕又后悔。

李明并没有停止储蓄。他知道，未来还有更多的梦想等着他去实现。他相信，只要他继续努力，总有一天能够实现所有的梦想。

智慧锦囊

　　金钱是我们实现梦想的钥匙，所以，我们得学会理财。就像我们用零花钱买糖果一样，学会规划每一角、每一分钱，让它们在正确的地方发挥作用。因此，我们要从小培养理财的意识，让金钱成为我们通向美好未来的桥梁。

合理规划零用钱，开启未来之门

思考时刻

　　钱财管理规划听起来是大人的事情，但也是我们成长中必须掌握的一项生活技能。通过学习钱财管理规划，我们可以学会给自己的小愿望设定目标，然后通过一点点存钱、聪明地利用好手上的钱，慢慢地让这些愿望变成真的。这样，我们不仅能得到我们想要的东西，还能学会怎么为将来做打算，成为一个管理钱财的高手。

教养故事

唉，零花钱都花在了零食和玩具上，买平板电脑是没戏了。

　　小华看中了一款新出的智能学习平板电脑，用过的人都说可以提高学习效率。他心动不已，想象着自己用这款平板电脑学习，成绩突飞猛进的场景，但这款平板电脑价格不菲，需要不少零用钱。

　　小华平时习惯于拿到零花钱就去买零食和小玩具，从没有储蓄的概念，所以他完全负担不起。

　　小华只得向父母求助，希望他们能资助他。父母虽然支持小华学习，但也提出了一个条件，希望他能自己承担一半的费用。可是，小华翻遍了房间的每一个角落，零钱罐里的硬币加起来也远远不够。妈妈帮他垫付了另外一半的费用，并要求他写下一张"欠条"，要用他以后的零花钱来偿还。小华拿着妈妈垫付买来的智能学习平板电脑，心中五味杂陈。

> 这平板电脑来之不易，我得好好珍惜，更要懂得储蓄的重要性。

故事启迪

小华对金钱没有合理的规划，所以导致他无法买到想买的东西。

金钱规划听起来可能有点复杂，但其实它就像是在玩一个有趣的游戏，这个游戏的规则包括储蓄和预算，以及合理规划和使用零用钱。

储蓄就是我们从每个月的零花钱中拿出一部分存起来，放在储蓄罐里，或者存进银行，这样它们就会安全地等着我们，直到我们准备好用它们来实现一个更大的目标。

预算则让我们知道我们有多少钱，需要花多少钱，还可以让我们决定哪些东西是我们真正需要的，哪些可以暂时不买。这样，我们就可以确保我们的钱被用在最需要的地方。

而合理规划和使用零用钱，则需要我们设定一个短期和长期的目标，当目标确定以后，我们就能更加坚定地为这些目标做好储蓄。

此外，我们还要考虑到未来可能会发生的变化。也许我们的愿望会改变，也许我们会得到更多的零花钱。一个好的理财规划是灵活的，它能够随着我们生活的变化而变化。我们可以定期回顾我们的规划，看看是否需要做出调整。

理财规划不是一蹴而就的，它需要时间和耐心，但只要你坚持下去，你就能掌握它。而通过不断地练习，我们会变得越来越擅长管理自己的钱，也越来越接近自己的梦想。

举一反三

陈铭长大后想成为一名探险家，探索未知的领域，发现新的秘密。但他知道，要实现这个梦想，需要很多钱来购买探险装备，还要有足够的时间来旅行。

陈铭的爸爸是个理财规划师，他决定教陈铭一些基本的理财知识。首先，爸爸帮陈铭设定了一个具体的目标：攒下足够的钱来购买他的第一个探险背包和一些基础装备。他们一起计算了背包和装备的大概费用，并制订了一个储蓄计划。

陈铭决定每周从零花钱中省下一部分钱存入他的储蓄罐。他还开始收集家里的废旧物品，比如空瓶子和旧报纸，然后卖给回收站换取零钱。每当他存入一些钱，他就在储蓄罐上画一个小标记，记录自己的进展。

陈铭的储蓄计划进行得很顺利，但他也遇到了一些挑战。有一次，他非常想买一款新出的电子游戏，但他知道这会花掉他很多储蓄。经过一番思考，

制订计划，这是理财的第一步。

我明白了，爸爸。

陈铭决定放弃购买，因为他明白自己的梦想和目标。

几个月后，陈铭终于攒够了钱，买到了他梦寐以求的探险背包。他兴奋极了，背着新背包在小镇周围"探险"，心里想着自己将来还要去真正的未知领域去探险。

我终于做到了！向着探险梦想，出发！

智慧锦囊

理财规划为你搭建了一个规划经济目标的框架，帮助你清晰地理解并实现自己的经济愿景，这不仅关系到金钱，还关系到你如何规划和塑造自己的生活。通过理财规划，你将掌握如何准备未来，如何巧妙地运用手头有限的资源去追逐和实现自己的梦想与目标。

为未来的梦想做好储蓄

储蓄不仅是积累金钱的行为，更是对未来的投资，你每一次往存钱罐里投币，都是在为将来的愿望和目标积累财富，让你的梦想从遥不可及变为触手可及。

教养故事

姚艺喜欢读书。一个周末，她在书店发现了一套精装的百科全书，书中描绘的奇妙世界让她着迷。然而，这套书的价格不菲，她的零花钱远远不够。

决心拥有这套书的姚艺开始了自己的储蓄计划。她在家中的书架上放了一个小猪形状的储蓄罐，每天都会将一部分零花钱投入其中。

> 每天存一点，那套百科全书就会离我越来越近。

为了攒够买书的钱，姚艺开始精打细算。她不再买新的玩具，也减少了买零食的次数。每当她抵制住诱惑，将钱存入储蓄罐时，她都会想象自己翻开百科全书，阅读新知识的情景。

数月后，储蓄罐里的

钱足够买下那套百科全书了。于是，她拿着钱来到书店购买了百科全书。此时她感到无比自豪和满足。

终于买到了，我的百科全书！

故事启迪

姚艺通过每天的小额储蓄，最终实现了自己的梦想。这个过程不仅需要耐心，也需要策略。

要开始储蓄，我们首先需要一个储蓄罐或者一个专门的储蓄账户。我们可以每天存入一点零花钱，哪怕只是几枚硬币，也是一个很好的开始。

接下来，我们需要设定一个目标。这个目标可以是短期的，比如买一本新书，也可以是长期的，比如一次旅行的费用。

最后，我们可以通过自己的努力来赚取额外的零花钱。

举一反三

云帆想拥有一台天文望远镜，好在夜晚探索星空的奥秘。然而，无论需要多久，我都要存够钱，买到属于自己的天文望远镜。

一台合适的天文望远镜价格不菲，对云帆来说是个不小的挑战。

云帆的父母都是普通的上班族，他们鼓励云帆："孩子，如果你真心想得到它，就要学会自己去规划和储蓄。"于是，云帆决定开始他自己的储蓄计划。

云帆决定每周从父母给的二十元零用钱中省出十元存起来，另外十元用于日常的开销。为了增加收入，他利用周末时间在小区里举办了一场小型的二手玩具交换会。这次活动不仅让云帆赚到了一些零钱，还增进了邻里间的友谊，大家都夸他既聪明又有商业头脑。

他还学会了记账，记录每一笔收入和支出。经过半年的努力，云帆攒够了买望远镜的钱。他和父母一起去选购，挑选了一台性价比高的天文望远镜。此时此刻，他的心中充满了前所未有的成就感和喜悦。

智慧锦囊

理财规划是一项重要的生活技能。通过储蓄和合理的消费，我们可以为自己的未来打下坚实的基础。所以，让我们从现在开始，学习理财知识，培养良好的理财习惯，为实现自己的梦想而努力吧。

学会做预算，掌握理财基本功

思考时刻

　　预算就是我们管理零花钱的计划。它帮我们搞清楚手里有多少钱，这些钱打算怎么用。这样，我们就可以决定哪些钱用来买小东西，比如零食；哪些钱要存起来，以后买更大的东西，比如自行车；抑或去某个地方旅行。有了预算，我们就不会把钱一下子都花光，还能慢慢地为将来的目标存钱。

教养故事

　　小丽总是将钱花在吸引她眼球的东西上，比如新奇的玩具和街边的美味零食。然而，她发现自己的零花钱总是很快就花光了，留下的只有短暂的快乐和空空的口袋。

钱又花完了，这下该怎么办呢？

　　后来，妈妈教她用一个小本子记录每天的花费，并且告诉她："我们来做个游戏，看看你能不能把零花钱分成两份，一份用来买零食，一份存起来，用来买你真正想要的东西。"

　　小丽认真地规划自己的每一笔支出。每当她想买新东西时，

她都会先看看自己的小本子，思考一下这笔钱是否真的值得花。慢慢地，她学会了控制自己的冲动，不再被每一个新鲜事物所吸引，并且为自己喜欢的画笔套装存钱。

最终，她存够了钱，买到了自己心心念念的画笔套装。

> 这个玩具虽然好看，但我更想要画笔套装。

> 小丽做得很好，学会理财了。

故事启迪

制定预算听起来有点复杂，但其实就像做游戏一样简单有趣。首先，先拿出一张纸，分成两栏：一栏写上我们得到的钱，比如每周的零花钱；另一栏写上我们要花钱的地方，比如买学习用品或存进储蓄罐。

接下来，给每一笔收入和支出做个记录。每当我们得到零花钱或者存下一些钱时，就把它们记在纸上。同样，当我们花钱买东西时，也要做好记录。这样做可以帮助我们清楚地看到，我们的钱是怎么来的，又是怎么被花掉的。

然后，我们要决定每个月要存下多少钱。我们可以从零花钱里拿出一部分来存，也可以把做家务挣来的钱全部存起来。一旦决定了要存多少钱，就要坚持做到，这样我们就能慢慢地攒起我们的梦想基金了。

此外，我们还需要一个"愿望清单"，这是我们理财计划中特别有趣的一部分。在这个清单上，我们可以写下所有心中渴望的东西，比如一本有趣的书、一个酷酷的玩具，或者任何我们想要存钱购买的物品。然后，我们要计算出为了买这些宝贝，需要存下多少钱。每当我们存下一些钱，就可以在愿望清单上做个记号。

同时，在我们的预算表上，应该有一个"应急基金"。通过在预算中留出应急基金，我们可以确保即使遇到意外，也不会打乱我们的储蓄计划，让我们的财务更加稳定和安心。

通过这样的预算规划，我们不仅能够为实现愿望而储蓄，还能为可能出现的意外情况做好准备。

举一反三

小瑞喜欢钻研计算机科学和工程原理，最近，他想买一个可以编程的机器人套件，然而机器人套件的价格令人望而却步。于是，他下定决心，一定要实现这个梦想。

他开始规划自己的"小金库"，先是制作了一份预算表，上面写了三个部分：收入、支出和储蓄。他的收入有零花钱、帮家人做家务得到的奖励，还有偶尔通过网上售卖二手玩具获得的收入。为了增加储蓄，他甚至开始收集家里的塑料瓶，周末时卖给废品回收站。每当存钱罐里多出一些钱，他都会在预算表的"收入"一栏中记上一笔。

同时，他严格控制支出，暂时不

购买新的电子游戏，也不去快餐店吃他最喜欢的炸鸡块。

几个月过去了，小瑞的储蓄罐里的钱越来越多。然而，就在他即将攒够钱的时候，他的好友小晨即将迎来生日，他想送小晨一个飞机模型，但这份礼物要花费他一多半的存款。

要放弃储蓄给小晨买礼物吗？小瑞此时犹豫不决。

终于，我用自己的努力实现了梦想。

第二天，小瑞用零花钱买了工具和材料，制作了一个小型的木制飞机模型，并在机翼上刻上了小晨的名字。小晨收到礼物后，告诉小瑞，这个手工制作的飞机模型是他收到的最好的生日礼物，不但有创意，而且诚意满满。

后来，小瑞终于攒够了钱，买下了他梦寐以求的机器人套件，他把机器人的零件摆放在工作台上，开始了他的第一个编程项目。

智慧锦囊

通过做预算，我们不仅学会了如何管理自己的零花钱，还能培养我们的责任感和自律性，并且控制我们的消费欲望，让我们做出明智的消费决策。另外，做预算是一个持续的过程，我们需要不断地检查和更新我们的预算表，确保它始终符合我们的实际情况。

让零花钱生钱的初步认知

思考时刻

你的零花钱，虽然看起来不多，却蕴含着无限可能。因为零花钱不仅仅是用来买糖果和玩具，而是可以像魔法一样变出更多的钱，这听起来是不是很神奇？其实，通过一些简单的方法，你的零花钱真的可以"生"出更多的钱哦！就像一颗种子，如果你正确地培育，它就能长成一棵大树。那么，我们该如何培育这颗种子，让它生出更多的钱呢？

教养故事

小刚每周都能从父母那里得到50元的零花钱。他总是兴奋地将这笔钱用于购买最新的漫画书和闪闪发光的卡片，但这种快乐总是转瞬即逝，因为钱很快就花完了。小刚开始思考，是否有更好的方法来使用这笔钱。

> 也许我应该想想别的挣钱的方法。

一天，爸爸带着小刚去了银行，给他开通了儿童储蓄账户，每个月存10元钱。银行的阿姨向他介绍了儿童储蓄账户，并解释了如何通过存款获得小额的利息。小刚认真地听着，心中充满了对理财知识的好奇。

几个月过去了，小刚再次查看他的储蓄账户时，惊喜地发现账户里的钱不仅包括他自己的存款，还多了几角钱的利息。他几乎不敢相信自己的眼睛——钱真的在"生"钱！

哇，账户里多出了几角钱！这就是利息吧！

故事启迪

让零花钱生钱，最好的起点是开设一个银行储蓄账户。储蓄账户就像是银行给你的一个安全的小仓库，你可以把零花钱存进去，而且随时都能取出来。当你把钱存入银行时，银行会用这些钱去做一些他们能够挣钱的事情，比如借给别人买房子或者开公司。为了感谢你把钱借给他们用，银行会定期给你一些额外的钱，这叫作利息。虽然每次得到的利息可能不多，但积少成多，也能成为一笔不错的收入。

这种方式不仅安全，而且简单，因为你不需要做任何事情，钱就会慢慢增长。这比把钱藏在床垫下或者放在存钱罐里要方便多了，因为银行会帮你保管钱，而且还能让你的钱变多。

　　此外，你可能从爸爸妈妈或者老师那里听到过更多关于钱生钱的话题，比如股票啊，债券啊，这些钱生钱的方式可能会带来更高的回报，但同时也有更高的风险，如果不了解它们是如何运作的，则会有很大的经济损失，你现在还小，坚决不可以去做这些事，但是你可以学习它们是什么，怎么工作的。

　　你可以和爸爸妈妈商量，购买一些金融方面的书，学习相关的知识，然后在父母的帮助和监督下，通过模拟软件来做钱生钱的模拟游戏。

　　但无论你选择哪种钱生钱的方式，都要记得，这是一个长期的学习过程，需要耐心和时间，只要你愿意学习，你的钱就能帮助你实现更多的梦想和目标。

举一反三

　　金洋很小的时候，父母就给他开通了储蓄账户，并将长辈们给他的压岁钱都存入这个账户中，待金洋上学以后，父母将这个账户郑重地交到他手上，并告诉他，他需要自己管理自己的零花钱，同时，还教授了他一些简单的理财知识。

　　金洋对此非常好奇，他偷偷地查询了自己账户里的余额，数字非常惊人，在学习查看每月账单时，他发现每月都有一笔利息收入，他特意问了妈妈，这是什么，妈妈耐心地给他做了解答：

原来我的钱还能自己"生"钱啊！

这叫利息，是你的存款在为你工作。

我还需要努力学习知识才能真的做到钱生钱。

"这是你的存款利息，就像钱在睡觉时也在工作一样。"金洋对这个概念感到非常新奇，他决定将所有的零花钱都存入这个账户。

在学习理财的过程中，金洋也对其他投资方式产生了兴趣。他在学校图书馆阅读有关股票和债券的书籍，虽然很多内容对他来说还有些深奥，但他对投资的世界充满了好奇。金洋甚至开始模拟投资，他在爸爸给他申请的模拟股市中买卖股票和债券，但他的模拟投资尝试并不总是成功的。有时他发现自己选择的股票和债券并没有如预期那样上涨。但他没有气馁，反而将这些经历视为学习的机会。他开始记录自己的投资决策，并分析哪些做得好，哪些需要改进。他想，虽然现在是模拟投资，但等他有了投资能力后，他会利用自己在模拟股市中学到的知识和经验，来进行真正的股票和债券投资。

智慧锦囊

让零花钱生钱是一个重要的理财技能，它可以帮助我们实现更多的目标和梦想。通过银行储蓄获取利息和创造性地赚钱，我们可以让我们的零花钱变成更多的钱。记住，每一分钱都是宝贵的，通过聪明的管理，你的零花钱可以变成实现梦想的强大工具。所以，开始思考你的零花钱可以怎么"生"钱吧！

学会生活中的理财技巧

思考时刻

"一粥一饭，当思来处不易；半丝半缕，恒念物力维艰。"这句古语告诉我们，每一种资源都来之不易，应当珍惜。在今天，这同样适用于我们的零花钱，学会生活中的理财技巧，就是学习如何珍惜并智慧地使用我们的零花钱。这不仅能帮助我们实现更大的目标，还能培养我们的责任感和决策能力。

教养故事

李雷的父母都是工薪阶层，家里并不富裕，但他从不抱怨，总是乐观向上，还对于管理自己的小金库有着自己的方法。

每次想买新的游戏或者零食时，他都会先在不同的商店和网站上比较价格。他发现，有时候只需要多走几步路或者多花几分钟时间，就能省下不少钱。

有一次，他看中了一

> 这里便宜五块钱，那边省三块，加起来又能多买一包零食了！

个新书包，但是价格有点贵。他没有急着买，而是确认自己真的需要一个新的书包吗？旧的书包虽然旧了点，但还能用。最后，他决定不买了，而是把钱存起来。

儿子真棒！

这样规划后，我们的旅行可以既省钱又充满乐趣！

暑假，李雷的家人计划去旅行。他和家人一起讨论，计算了交通、住宿和餐饮等费用。他还建议在非高峰时间出游，自己准备一些食物，而不是每顿饭都在外面吃。

通过李雷的精心规划，全家人的旅行既愉快又经济。

故事启迪

李雷的故事启示我们，理财就在我们的日常生活中。

首先，我们要学会比较价格。当我们想要购买新的玩具或零食时，要货比三家。这样，我们就能找到性价比最高的商品，让我们的钱花得更值。

接下来，我们要学习识别物有所值的商品。了解哪些商品更值得购买，哪些商品虽然便宜却不值得购买，这样，我们就能避免浪费钱，买到真正有性价比的东西。

同时，我们要随时关注身边的小事，比如学会节约用水和用电，这样不仅可以节省家庭开支，还可以保护我们的地球；学会回收和再利用物品，比如用废旧的纸箱做手工，或者把不再穿的衣服捐赠给需要的人。

最后，我们要学习利用促销和折扣来省钱。随时关注超市的打折信息，或者利用优惠券来购买我们想要的商品。但是，我们也要学会分辨哪些折扣是真正的优惠，哪些可能是商家的营销策略。

通过这些实际的行动，我们可以逐渐学会如何在生活中做出明智的财务选择。这不仅仅关乎金钱，更关乎如何聪明地生活，如何为我们的未来做好准备。

举一反三

小刚的爸爸是个普通的工人，妈妈在社区的小超市工作。他们经常教育小刚要珍惜每一分钱，因为家里的每一项开销都需要精打细算。小刚从小就学会了在买东西前先问问自己："我真的需要这个吗？"这个简单的问题帮助他避免了很多不必要的开支。

有一天，小刚的妈妈带他去超市购物。在超市里，小刚注意到了一些商品的打折标签，但他并没有急于把它们放进购物车。他记得妈妈教过他，不是所有的打折都是真正的优惠。小刚仔细比较了价格，发现有些商品虽然打折，但并不比平时便宜多少。他只挑选了那些真正物有所值的商品。

> 这个虽然打折，但好像并没有便宜多少，我再考虑一下吧。

此外，小刚还在家里实施了一些节约措施。他学会了在洗澡时用计时器来控制时间，这样可以节省水费。他还鼓励全家人在离开房间时关灯，减少电费。小刚的爸爸甚至在后院开辟了一小块菜地，这样家里就能吃到新鲜的蔬菜，同时也减少了买菜的开销。

小刚还发现了旧物利用的乐趣。他和爸爸一起用废旧的木材制作了一个小书架，用来存放他的书本和玩具。小刚的妈妈则教会了他如何用旧衣服制作布娃娃，这些布娃娃成了他弟弟的最爱。

随着时间的推移，小刚不仅在家庭中成为了节约的榜样，他的行为也影响了他的朋友们。他们开始效仿小刚，一起讨论如何更聪明地消费和生活。

节约又有趣，旧物也能变宝贝！

智慧锦囊

理财之道在于明辨价值，精挑细选。在消费前，三思而后行，辨识哪些是生活必需、哪些是欲望驱使。学会对欲望说"不"，为长远目标积累资本。每分每秒，你的选择都在塑造未来。培养对价格与价值的敏感度，让理财成为通往独立与自由生活的桥梁。

理财中的机会成本

思考时刻

在我们的生活中，每一个决定都伴随着一种叫作"机会成本"的概念。比如，你手头有一笔钱，是立刻买下那个你想要的游戏，还是存起来，为节假日的旅行做准备？这就是一个机会成本的例子。理解这个概念，可以帮助我们做出更好的选择，而不仅仅是为了满足当前的欲望，要考虑到长远的规划。

教养故事

陈晨经过玩具店时，被橱窗里那些色彩斑斓、形态各异的车模牢牢地吸引住了。他兴奋地站在橱窗前，眼睛里闪烁着渴望的光芒，小手不自觉地摩挲着口袋里的零花钱，想要花钱将喜欢的车模买下来。

这个车模太酷了，我真的很想要一个！

然而，陈晨的父母告诉他，如果想要买新车模，就必须使用自己的零花钱。这个决定让陈晨陷入了两难的境地。他知道自己的零花钱并不宽裕，如果用来买车模，就意

车模、零食，还是电影？

味着他必须放弃其他有着同样渴望的东西，比如美味的零食，或是和朋友们去看电影的机会。

陈晨站在玩具店外，内心挣扎着。他一会儿看看橱窗里的车模，一会儿又摸摸口袋里的钱，脸上的表情时而兴奋，时而犹豫。

故事启迪

这个故事告诉我们，我们不可能拥有所有想要的东西，必须学会在不同的选择之间做出权衡。

当我们面对选择时，重要的是要思考这些选择对我们未来可能产生的影响。举个例子，如果你现在选择购买最新的电子产品，它可能会让你感到非常兴奋，但这种兴奋很快就会消退。相反，如果你选择投资自己的教育或者储蓄，这些长期的投资可能会在未来带来更大的回报。在做决策时，先问问自己："这个选择会帮助我实现我的长期目标吗？""这个选择会对我未来的生活产生积极的影响吗？"这样，我们就能做出更加明智的决策。

现在，让我们谈谈如何根据自己的目标和价值观来设定优先级。每个人都有自己的梦想和目标，无论是成为一名科学家、艺术家，还是企业家。为了实现这些目标，我们需要做出一些短期的牺牲，例如，你需要牺牲一些娱乐时间来专注于学习，或者你需要牺牲一些即时的消费来为未来的大额购买储蓄。这并不是说我们不能享受现在的生活，而是要学会平衡即时的满足和长远的目标。

通过设定优先级，我们可以确保自己的行动和决策与长期愿景相一致。同时，我们还要明确什么是对我们真正重要的，当清楚了自己的目标和价值观后，我们就能更有目的地规划时间和资源，确保每一步都是朝着梦想迈进。

举一反三

李明十三岁那年就梦想成为一名航天工程师。然而，实现这个梦想需要大量的知识积累和实践操作，更需要一笔不小的资金来支持他的学业和研究。

李明的家庭条件一般，父母都是普通的工薪阶层。他知道，要实现梦想，就必须学会合理地规划自己的时间和金钱。

这个模型太酷了，而我的梦想也需要资金支持。

一天，李明在放学回家的路上，看到了一家新开的模型店。橱窗里展示着一架精致的航天飞机模型，它那银白色的机身在阳光下闪闪发光，仿佛在向李明招手。李明走进店里，询问了那个模型的价格。模型的价格不菲，几乎等于他三个月的零花钱。

李明站在模型前，心中挣扎不已。他真的很想买下这个模型，但他也清楚，如果买了模型，就意味着他必须放弃为实现梦想而储蓄的计划。他想起了父母曾经告诉他的话："学会为梦想投资，有时候需要放弃眼前的小快乐。"

李明深吸了一口气，离开了模型店，他一直没有忘记那个航天飞机模型，但他更期待有一天能够用自己的努力实现更大的梦想。他开始阅读有关航天工程的书籍，参加学校的科学俱乐部，甚至在社区的科技展览上展示自己的小发明。

时间如白驹过隙，几年过去了。李明通过不懈的努力，不仅取得了优异的成绩，还攒下了一笔不小的资金。高中毕业后，他用这笔钱供自己上了一所著名大学的航天工程专业，并获得了奖学金。

智慧锦囊

学会做出明智的选择，考虑长远的影响，以及设定优先级，这些都是帮助我们实现梦想的重要技能。当你面临选择时，应当思考和权衡。每一个选择都是一次学习和成长的机会。

金钱观与个人发展

思考时刻

金钱在我们的生活中扮演着多重角色，它不仅是交换商品和服务的媒介，也是帮助我们实现个人梦想和目标的重要工具。然而，真正的财富在于个人的成长、知识的积累和智慧的沉淀，这些能够丰富我们的内心世界，提升我们的思维能力，让我们的生活更加充实和有意义。

教养故事

小雅对金钱有着自己独特的看法。她认为金钱不应该是生活的全部，而是实现个人成长和梦想的桥梁。

小雅的家境普通，但她从不羡慕那些家境富裕的同学。因为真正的财富不是银行账户里的数字，而是她所学到的知识和经历。她用零花钱买了很多书，从书中她学到了很多关于世界的知识，也开阔了自己的视野。

书中的每一个字都是通往世界的钥匙。

此外，小雅还用一部分钱参加了一个编程课程。虽然课程费用不菲，但她认为这是对

帮助他人，也是财富的一部分。

捐赠箱

自己的一种投资。

小雅用一部分积蓄买了一些文具和书籍，捐给了社区的图书馆。这些小小的行动，让她感受到了金钱的真正价值。

慢慢地，小雅成为了一个多才多艺的人。她的成绩优异，编程技能也越来越熟练，这些都不是用金钱可以衡量的财富。

故事启迪

小雅的故事向我们呈现了一个成熟的金钱观对于个人发展的重要性。

首先，我们必须认识到金钱是一种资源，它的价值在于帮助我们实现个人的目标和梦想。这些目标可能包括更好的教育、提升个人技能，或是追求艺术和科学上的成就。金钱应该被视为一种投资工具，用来投资自己的未来，而不是单纯的物质积累。

其次，我们应该追求的是个人的成长和对社会的贡献，这才是我们真正的价值。通过不断地学习和努力，我们可以增加自己的知识储备，提高解决问题的能力，从而在社会中发挥更大的作用。金钱在这一过程中，是我们实现个人价值和为社会作贡献的助手。

此外，一个健康的金钱观也是我们个人品德的重要组成部分。它能够帮助我们建立正确的价值观，培养诸如诚信、慷慨和责任感等良好的品德。一个有着良好金钱观的人，不会因为财富的多少而改变自己的原则和行为，他们会用财富来做有益于社会和他人的事情。

最后，建立健康的金钱观需要我们学会在金钱和人际关系之间找到平衡。例如，我们不应该因为金钱而忽视与家人和朋友的关系，也不应该让金钱成为友谊的唯一基础。

理财的终极目的不仅仅是个人的利益，更是能够更好地服务于社会。通过理财，我们可以更好地去支持我们的家人，帮助我们的朋友，甚至为社会的公益事业作出贡献。

举一反三

在中国近现代史上，胡雪岩是一位具有传奇色彩的商人和慈善家，他出生于一个贫苦的家庭，通过自己的努力和智慧，逐渐积累了财富，成为了一名成功的商人。然而，他并没有因此沉迷于奢侈的生活，而是将财富用于帮助他人和社会。

胡雪岩与左宗棠的交往是其一生中的重要部分。据史料记载，1862 年，左宗棠在浙西衢州府郊外的行辕里见到了胡雪岩，尽管一开始对胡雪岩并没有太多信任，但胡雪岩为左宗棠准备好的 20 万石米解了他的燃眉之急。这次会面使左宗棠对胡雪岩的印象有了极大的改观，并委以军需之事。

　　胡雪岩在商业上的成功，部分得益于他与左宗棠的合作。在左宗棠任职期间，胡雪岩管理赈抚局事务，设立粥厂、善堂、义塾，修复名寺古刹，收殓了数十万具暴骸；向官绅大户劝捐，以解战后财政危机。胡雪岩因此名声大振，信誉度也大大提高。

　　胡雪岩的商业帝国在高峰期资金高达二千万两以上，成为当时的"中国首富"。他不仅在商业上取得了巨大成功，而且在社会公益上也有突出贡献，比如开设至今仍在营业的胡庆余堂中药店，以及协助左宗棠开办的福州船政局，建立中国史上第一家新式造船厂。

> 以商养善，
> 以善促商，
> 共创繁荣。

智慧锦囊

　　让我们从今天开始，学会管理零花钱，为实现我们的梦想储蓄，并且培养成熟和健康的金钱观念。这样，当我们长大后，就能更加自信和有能力地去追求我们的梦想，并且建立更加和谐稳定的人际关系。